海绵城市译丛

Living Roofs in
Integrated Urban Water
Systems

Daniel Roehr and Elizabeth Fassman-Beck

整合城市水系统的活性屋顶

［德］丹尼尔·罗尔　［美］伊丽莎白·法斯曼－贝克　著

李翅 译

中国建筑工业出版社

著作权合同登记图字：01-2018-2618号

图书在版编目（CIP）数据

整合城市水系统的活性屋顶／（德）丹尼尔·罗尔，（美）伊丽莎白·法斯曼－贝克著；李翅译. —北京：中国建筑工业出版社，2019.3
（海绵城市译丛）
书名原文：Living Roofs in Integrated Urban Water Systems
ISBN 978-7-112-23320-5

Ⅰ.①整… Ⅱ.①丹… ②伊… ③李… Ⅲ.①屋顶－雨水资源－资源利用－结构设计 Ⅳ.① TU231

中国版本图书馆 CIP 数据核字（2019）第 028090 号

责任编辑：张鹏伟　董苏华
版式设计：锋尚设计
责任校对：王　瑞

海绵城市译丛
整合城市水系统的活性屋顶
[德] 丹尼尔·罗尔　[美] 伊丽莎白·法斯曼－贝克　著
李翅　译

＊

中国建筑工业出版社出版、发行（北京海淀三里河路9号）
各地新华书店、建筑书店经销
北京锋尚制版有限公司制版
北京中科印刷有限公司印刷

＊

开本：787×1092毫米　1/16　印张：11　字数：207千字
2019年4月第一版　2019年4月第一次印刷
定价：48.00元
ISBN 978 - 7 - 112 - 23320 - 5
　　　　（33293）

版权所有　翻印必究
如有印装质量问题，可寄本社退换
（邮政编码100037）

目录

本书贡献者

奥黛丽·比尔德（Audrey Bild）

研究员和编辑。比尔德是加拿大温哥华的一名实习建筑师。受她在加拿大英属哥伦比亚大学（University of British Columbia）建筑与风景园林学院的研究生工作的启发，她充满热情，追随对可持续性设计和对水系统的特别兴趣，因为它们与建筑设计、研究领域密切相关。在未来，她立志成为一名专注于景观和建筑设计实践的设计师。

伊丽莎白·法斯曼 – 贝克（Elizabeth Fassman-Beck）

博士，美国新泽西州霍博肯市史蒂文斯理工学院（Stevens Institute of Technology）土木、环境和海洋工程系的副教授。伊丽莎白在美国北卡罗来纳州杜克大学（Duke University）获得土木与环境工程学士学位，通过对城市雨水最佳管理实践的水文和水质处理的研究，她获得了美国弗吉尼亚大学（University of Virginia）的硕士和博士学位。伊丽莎白在新西兰奥克兰大学（University of Auckland）做了近十年的学术研究，从事低影响开发和雨水管理绿色基础设施的工程研究和教学设计。她曾与监管部门广泛合作，为雨水控制措施制定基于实证的技术和实用设计标准。从 2005 年开始，伊丽莎白和罗宾·西姆科克（Robyn Simcock）博士通过深入的研究和实际应用，共同为奥克兰制定了活性屋顶设计标准。2014 年，伊丽莎白和西姆科克因在活性屋顶设计方面的研究获得了美国土木工程师协会的 Wesley W. Horner 大奖。伊丽莎白积极从事专业实践和国际研究，在 IWA-IAHR 城市排水联合委员会和 EWRI 城市水资源研究委员会工作，她是绿色屋顶任务委员会的主席。在新西兰和美国，她为产业发展举办了以研究为基础的专业发展课程。

孔岳伟（Kevin Kong）

绘图。2004 年在中国广州华南理工大学获得学士学位继续攻读硕士学位，毕业于英属哥伦比亚大学景观建筑硕士（MASLA）项目。

他的硕士学位论文专注于开发一种研究方法：利用当地的气候数据、土壤材料和植物的特性，量化活性屋顶在不同气候条件下减少暴雨径流的潜力。他目前在加拿大温哥华从事建筑设计实践工作，并在加拿大英属哥伦比亚大学的 Greenskins 实验室继续研究城市环境中的雨水收集和雨水管理。

丹尼尔·罗尔（Daniel Roehr）

英属哥伦比亚景观设计师协会会员、注册景观设计师（MBCSLA），加拿大景观设计师协会会员（CSLA），柏林建筑协会注册景观设计师（AKB）。加拿大温哥华英属哥伦比亚大学建筑与景观学院的副教授。他是温哥华和柏林的注册景观设计师，也是一位园艺家。丹尼尔在英国约克郡的阿斯克汉姆·布莱恩学院获得了园艺和景观技术的国家高级文凭（HND），并在苏格兰爱丁堡的赫瑞瓦特大学获得了景观建筑学的学士学位（荣誉）。罗尔设计和研究活性屋顶超过 20 年。他的设计项目横跨欧洲、中国和北美的不同尺度的多个项目，他最重要的工作是德国柏林戴姆勒 – 克莱斯勒（Daimler Chrysler）波茨坦广场（Potsdamer Platz）项目的突破性水敏感活性屋顶设计。2007 年，他在英属哥伦比亚大学成立了 Greenskins 实验室研究小组。罗尔目前的研究主要集中在活性屋顶与城市水系统的整合，作为雨水管理低影响开发战略的一部分。他定期在大学演讲，并在会议上发表他的研究成果。

罗宾·西姆科克（Robyn Simcock）

博士，特约作者（本书第三章和第四章）。西姆科克是一名生态学家和土壤学家，他与雨水工程师合作，利用自然生态系统过程开发新的生长介质和植物系统，以减轻过度开发对城市环境的影响。罗宾是园艺科学的毕业生，获得新西兰梅西大学（Massey University）矿山修复博士学位。她在土地保护研究所工作了近 20 年，该研究所是皇冠集团旗下的研究机构，负责推动保护和改善新西兰陆地环境的创新。自 2006 年以来，罗宾一直与监管部门合作，与伊丽莎白·法斯曼 – 贝克博士一起，就活性屋顶和绿色基础设施（包括新西兰独特的生物群和丰富的火山资源）提供研究和技术指导。

致谢

在此我们向支持我们的友人及同事们表达深切的感激，没有他们的支持这本书无法完成，也特别要提及这些贡献者和朋友们，罗宾·西姆科克博士，孔岳伟以及奥黛丽·比尔德。奥黛丽秉着专业的态度和敬业精神负责完成了研究和编辑部分。同时，这本书中大量的图形、图表和研究也归功于丹尼尔教授的研究搭档孔岳伟。伊丽莎白教授的研究搭档罗宾也不断给予我们理智的分析、耐心与友谊。

丹尼尔教授向他的父母表达了最深切的感激之情，尽管丹尼尔在国外生活了很多年，他的父母依然一直支持着他的事业。伊丽莎白教授也由衷地感谢她的家人一如既往地支持和鼓励她在世界各地的研究事业，并且关注着她对这本书的写作。特别要感谢的是伊丽莎白教授的丈夫李·圣·贝克（Li San Beck），感谢他一直以来的耐心陪伴，同时感谢伊丽莎白教授的母亲凯萨琳·菲斯曼（Kathleen Fassman），是她最先鼓励伊丽莎白研究活性屋顶这个课题。

非常感谢 PWL 规划与景观设计事务所合作伙伴布鲁斯·赫姆斯托克（Bruce Hemstock），以及 Sharp & Diamond 景观事务所（Sharp & Diamond Landscape Architecture）的肯·拉尔森（Ken Larsson），感谢他们分享的专业经验和书面指正；感谢梅耶·里德设计（Mayor Reed Design）的卡罗·梅耶－里德（Carol Mayor-Reed）和来自波特兰的汤姆·李普坦（Tom Liptan）一直以来提供其开拓性项目方面的信息；感谢奈吉尔·邓尼特博士（Dr. Nigel Dunnet）和埃德·斯诺德格拉斯（Ed Snodgrass）分享他们丰富的经验；感谢活性屋顶的先驱科尼利亚·哈恩·奥伯兰德（Cornelia Hahn Oberlander）给予我们持续不吝的建议和鼓励。

伊丽莎白教授向以下同事表达感谢：谢菲尔德大学（University of Sheffield）的弗吉尼亚·斯托文博士（Dr. Virginia Stovin）、劳伦斯科技大学（Lawrence Technological University）的唐纳德·卡彭特博士（Dr. Donald Carpenter）、北卡罗来纳州立大学（North Carolina State University）的威廉·亨

特博士（Dr. William Hunt）、波特兰的蒂姆·库尔茨（Tim Kurtz）、来自维拉诺瓦（Villanova）的布丽姬特·瓦德兹克教授（Dr. Bridget Wadzuk）、宾夕法尼亚大学的罗伯特·贝克奇教授（Dr. Robert Berghage）以及 Geosyntec 的斯科特·施特鲁克教授，感谢他们分享数据，以及对关键技术部分提供批判性的建议。

感谢来自奥克兰大学的学生们对本书大部分技术内容研究所作出的贡献，包括艾米丽·沃德·阿芙博士（Dr. Emily Voyde Afoa），Yit-Sing·Hong（Terry），刘瑞分（Ruifen Liu），克雷格·芒特福（Craig Mountfort），朱莉娅·威尔斯（Julia Wells），廖明阳（莫娜）[Ming Yang（Mona）Liao]，西蒙·王（Simon Wang）和劳拉·戴维斯（Laura Davis）。同时感谢奥克兰大学土木与环境工程与土地保护研究部技术人员的大力协助。

假如没有奥克兰地方和地方政府于 2005 年开始的委托和投入，这项研究将无法完成（前奥克兰地区委员会，前怀塔克里市议会和奥克兰委员会）。特别是，由海顿·伊斯顿（Hayden Easton），朱迪-安·安森（Judy-Ann Ansen）所接手，和马修·戴维斯（Matthew Davis）支持的源于厄尔·谢弗（Earl Shaver）的设想使研究项目能够促进国际上在活性屋顶设计领域的研究进步及施工和雨水管理的执行，同时还对学生教育等诸多方面作出贡献。

缩略语表

机构

ASCE   American Society of Civil Engineers
美国土木工程师协会

ASTM   American Society of Testing Materials
美国测试材料学会

EPA   (USA) Environmental Protection Agency
（美国）环境保护局

FLL   Forschungsgesellschaft Landschaftsentwicklung Landschaftsbau
景观发展园林绿化研究会

FSC   Forest Stewardship Council
森林管理委员会

LEED   Leadership in Energy and Environmental Design
能源与环境设计领导协会

术语

ARI   Annual Recurrence Interval
年复发间隔

BMP   Best Management Practice
最佳管理措施

CAM   Crassulacean Acid Metabolism
景天酸代谢

CN   Curve Number
曲线数

CSO   Combined Sewer Overflow
合流制下水道溢流

ESD   Environmental Site Design
环境场地设计

ET   Evapotranspiration
蒸散量

GI   Green Infrastructure
绿色基础设施

GSI   Green Stormwater Infrastructure
绿色雨水基础设施

LID   Low Impact Development
低影响开发

LWA   Light-Weight Aggregate
轻质骨料

PAW   Plant Available Water
植物可用水分

SBS   Styrene Butadiene Styrene
聚苯乙烯 – 丁二烯 – 苯乙烯

SCM   Stormwater Control Measure
雨水控制措施

SMEF   Soil Moisture Extraction Function
土壤水分提取功能

SUDS   Sustainable Urban Drainage System
可持续城市排水系统

TSS   Total Suspended Solids
总悬浮固体量

WSUD   Water Sensitive Urban Design
水敏性城市设计

第一章　引言

1.1　为何要探讨"水"？水资源作为实现活性屋顶的驱动力

　　水对地球上的生命至关重要，是我们最宝贵的资源。在世界上许多地方，缺水会给人类、动物和植物的生活造成极大的困难。然而干旱缺水的区域在逐步扩大（国际水资源管理协会，2000；Rijsberman，2005；联合国水、粮食和农业组织，2007）。自工业革命以来，水的质量一直在降低，而这种情况由于过去四十年里人口的剧增而不断加速（Albiac，2009；卡尔和尼瑞 2009；Nienhuis & Leuven，2001）。在西方世界，人们对于水资源利用的关注已经超出了基础设施的建设，并且现在开始着手解决如何保护生态系统和生态系统服务的问题。随着越来越紧迫的情况出现，包括建筑师、景观建筑师、工程师和规划师在内的城市发展专业人士正在研究和实施各种方法用以回收、储存和重复使用水，提高其质量，以及保护或恢复水资源的源头（Margulis & Chaouni，2011；澳大利亚规划研究所，2003）。

　　我们所在区域内水资源的使用（多少）及其管理（质量、汇流点、运行速度）总是会影响一个更大的系统，而这反过来又会影响到我们城市水资源的供应和水质。在水资源的多种形态中，这本书关注的是城市雨水径流。它研究了活性屋顶在减轻径流对环境和基础设施的影响这方面的作用和设计，同时打造富有创新性的城市空间。活性屋顶必须从两个方面来看待：工程师要从实际的环境和技术的方面考虑，设计师要从审美和社会方面出发。设计师们试图创造一种提高生活质量的新体验，然而如果没有工程师在保护可以创造和支撑生命的水资源这方面的努力，这是不可能发生的。

　　城市雨水径流给受纳水体和基础设施带来了一系列的影响，威胁着公共卫生与福利以及生态系统，但也提供了一个能收集水资源的有利机会。一直以来，城市排水系统的重心是用适当的方法处置地表径流，以免干扰城市活动、损坏建筑物或者威胁公共安全。而现在，适宜的处理径流的方法已不再是唯一的目标，在某些情况下，甚至根本不是目标。几乎所有的水循环（流域内水的分布和流量）都因为城市发展而不断改变。在自然森林条件下，10—20毫米的降水可能被植被冠层拦截，并在表面产生雨水径流之前渗透到地下。在城市化的条件下，只要 2 毫米的降雨量便可能产生径流。因此，在城市环境中，几乎每次下雨都会产生地表径流，而污染物会被径流运送到河流、溪流、湖泊、河口、海湾和港口等水域中。随着流速、径流量、径流频率的增加，径流量和径流速度会加剧水体变质的过程，从而改变了自然界的生物栖息地结构，造成河槽的冲蚀和不稳定。研究表明，河道流动过程的明显变化，与生态环境质量下降及维持正常生态系统运转所需的自然界河渠特性的恶化有关。在美国，几十年来，受纳水体已经被认为"恶化"了很多年；城市径流带来的污染物大部分未经处理就排放。总体来说，几乎每次下雨都会造成水体变质和污染物增加，从而危及水生生物的栖息地，基础设施和公共财产。

减少或避免"经常性的"暴雨事件的影响被越来越多地方纳入政策，但一直以来都没有成为重点。自 2001 年以来，美国波特兰、费城、西雅图、亚特兰大、芝加哥、纽约、匹兹堡、华盛顿州、加利福尼亚州、马里兰州、佛蒙特州和弗吉尼亚州的美国各个州和市政机构，已经相继出台政策和相关设计要求。2007 年颁布的"美国能源独立与安全法案"第 438 节中颁布的重大立法要求，正在建设或重建的联邦设施对经常性的暴雨事件进行广泛的就地径流控制。活性屋顶技术非常适合缓解这类暴雨事件。

在许多老城中，综合排水管道溢出（CSO）加剧甚至是取代了"每日"的暴雨对周围环境的影响。综合排水管道是将卫生污水和雨水径流通过同一管道运送到市政污水处理厂。在世界许多的主要城市，城市内填式发展和密集化导致了污水的流量远远超过了综合污水管网的承载能力。通过设计，在潮湿的天气（例如雨或融雪）情况下，当流量超过下水道的容量时，将未经处理的径流和生活污水排放到受纳环境中。虽然意图是防止城市污水处理设施超负荷，但造成大量的未经处理的废水被排放，并可能对当地受纳环境造成毁灭性的影响。在纽约布鲁克林，在无任何干预的情况下，通过建模预测综合排水管道溢出事件，几乎每次下暴雨时都会发生。在美国人口密度最高的新泽西州，仅 5mm 的降雨量就经常会导致污水从下水道溢出（NY / NJ baykeeper.org, 2013）。费城有 164 个综合下水道污水排放点，服务 48% 的城市区域。越强的暴雨会引起最大水量的污水从下水道溢出，稍弱的暴雨引起的污水从下水道溢出事件数量是最多的。在美国许多地区，这种排放违反了《1972 清洁水法》及其修正案（包括 1994 综合下水道溢出控制政策）和 / 或 2000 年的《潮湿天气水质法案》。在太平洋西北地区，下水道溢出污水、径流污染物，包括未经处理的雨水径流的高温都威胁着受 1973 年《濒危物种法》保护的鲑鱼。由于公众意识和意见的转变而加剧的环境监管和即将发生的诉讼和 / 或罚款，正在促使市政当局和水务公司投入大量资源来减少下水道污水溢出的数量和次数以及恢复退化的水道。

与地面工程相比，升级地下基础设施日益被认为是不经济且不切实际的。刚性的灰色基础设施（管道、泵、储罐和集中处理厂）缺乏弹性。另外，世界各地的大小城市正在开发或实施雨水管理的绿色基础设施解决方案。虽然已经有很多绿色基础设施的定义被提出，归纳起来是"与建筑环境相结合的自然和工程化生态系统，提供最广泛的生态、社区和基础设施服务"（greeningofcities.org，2012）。绿色雨水基础设施（GSI）这一术语专门用于确定径流管理的方法。

捍卫使用绿色基础设施和绿色雨水基础设施的决定给出的理由包括成本经济、灰色基础设施无法达到技术目标，以及绿色设施可以提供生态系统服务的多功能性，特别是在人类健康和社会资本方面。在全球范围内，最近在费城和纽约市引入了两项最大的绿色雨水基础设施市政投资，专门用于排水管道溢出的控制和解决水质改善问题。经过全面的替代选择分析后，费城水务局（PWD）确定，传统的灰色基础设施"成本过高，同时也未到达修复的标准"。相反，费城水务局正在绿色雨水基础设施项目中投入 12 亿美元（2009 年净现值），同时也在绿色基础设施项目的 25 年期中投入了超过 30 亿美元，"为了通过绿化城市来提供具体利益……同时实现生态恢复的目标"（PWD, 2011:3）。实施跨纽约的绿色基础设施，预计将消耗 14 亿美元，并将从纽约市政府授权的灰色基础设施项目预算中拨款 20 亿美元。

在规模较小的情况下，地方或街区层面的举措往往是由市政当局响应邻里投诉而发起的。西雅图、波特兰、兰开斯特（宾夕法尼亚州）、纽约市和华盛顿特区的许多成功案例和试点项目正在涌现，这些地方将用于雨水的绿色基础设施解决方案融入街道或路口重建中，以改善交通和行人安全。在（或接近）径流起源处使用绿色基础设施来解决地下径流问题减轻了整个网络的负担，并减少了对不灵活的灰色基础设施和大型下游洪水管理设施的需求。

绿色基础设施从根本上将更好的社区设计与技术功能结合在一起。从景观结构的角度来看，奥姆斯特德（Frederick Law Olmsted）的工作可以被看作是将开放空间和基础设施服务相结合的设计和规划的起源。作为纽约市中央公园和 1893 年芝加哥世界博览会的设计者，奥姆斯特德是 19 世纪最杰出的北美景观设计师。他认为，靠近受污染的密集城市中心的绿色公共开放空间的可达性将为城市居民带来巨大的健康和社会效益。在波士顿的翡翠项链公园系统中，奥姆斯特德开发了一个由所谓的"林荫大道"连接的公园系统。这些林荫大道（绿树成荫的宽阔绿色通道系统）使游客通过步行、马匹和车厢都能够进入露天场所，同时也通过相互联系的洼地和湖泊系统来提供了雨水缓解措施。在 19 世纪，奥姆斯特德、亨利·大卫·梭罗和约翰缪尔强烈主张绿色开放空间对城市居民的生理、身体和精神健康是非常重要（Fischer，2010；Martin，2011；Thoreau，1851）。直到最近，经过严格的实验和同行评议的期刊出版物才科学地证明了这一点。

对绿色基础设施的视觉观赏和身体接触能改善人类身心健康、减少犯罪案件、达到其他社会效益，例如通过改善邻里的景观效果来促进与地点的联系并增加经济价值（增加的财产价值和经济活动）。这些潜在的好处应该激励城市培养专业人员在各个层面提倡和整合融入绿色基础设施项目：区域和市政总体规划、个人建筑场地设计、开放空间以及新建或改造项目。（在）波特兰（俄勒冈州）、林茨（奥地利）和斯图加特（德国）（Lawlor et al.，2006）都可以发现广泛的成功活性屋顶实施的先例（Lawlor et al., 2006）。技术、城市设计、规划、生态学和相关学科的发展提供了一套可以在奥姆斯特德的公园大道的基础上延伸的工具。采用系统方法设计的基础设施将技术知识与建筑设计相结合，以创建成功的健康的城市环境。

在绿色基础设施的范围内，城市雨水恢复解决方案依靠着用全面的方法来管理水文循环和改善水质。绿色雨水基础设施、低影响开发（LID）、环境场地设计（ESD）、水敏城市设计（WSUD）或可持续城市排水系统（SUDS）是世界各地总结这种设计方法的常用术语。无论名称如何，设计范例都将土地利用规划与工程雨水控制措施（SCM）相结合，以创建可以在最大限度上减少现场水文的变化并限制污染物排放的功能性景观（图 1.1）。径流的质量和数量受着同样的关注。从哲学和技术的角度来看，预防（限制径流或产生污染物的源头控制）比"治愈"（捕获和治疗）更有效（National Research Council，2009）。

精心设计的活性屋顶提供了一个很好的机会，可以有效地防止或抑制传统不透水屋顶产生的径流，但形态并不总是能补充功能。景观设计师的目标是使这些种植空间从对环境负责的角度上在视觉上具有吸引力、可达性强、明显（或不可见），并且可以方便地进行维护。客户对活性屋顶外观的看法深受园林设计杂志图片的影响。景观设计师迫于客户的想法首先为客户创造了一个"绿色"屋顶，而与地面连接的缺乏意味着屋顶是极端的地方，是人造的和人工的，因此可能需要大量的干预。设计师需要负责任地平衡景观展示与长期环境效益，其中活性屋顶组装和径流缓解能力的前提因素可能（或应该）超越外观的因素。探索活性屋顶的视觉影响和技术目标（即雨水管理）的相互依赖性是本书建议的设计考虑因素的前提。

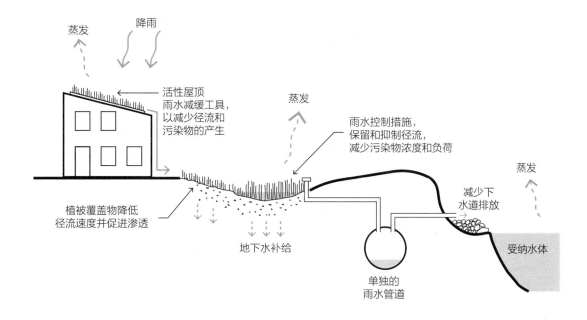

蒸发

降雨

活性屋顶
雨水减缓工具,
以减少径流和
污染物的产生

蒸发

雨水控制措施,
保留和抑制径流,
减少污染物浓度和负荷

蒸发

减少下
水道排放

植被覆盖物降低
径流速度并促进渗透

地下水补给

受纳水体

单独的
雨水管道

图 1.1
活性屋顶: 工具和
系统组件

1.2　活性屋顶的条件

虽然本书的前提着重于融入城市供水系统中的活性屋顶的有效设计,但如果我们忽视活性屋顶可能实现的额外或补充角色,这会是一种疏忽。几乎所有关于活性屋顶效益信息的评论都列出了一些贡献,如延长屋顶寿命、减少能源需求、城市热岛缓解、促进城市生物多样性、促进碳中和或缓解策略、抑制噪声污染(声学)、社会和舒适价值、大气污染物的吸收和雨水径流减少。事实上,活性屋顶是为环境管理提供多种功能的少数技术之一。

1.2.1　雨水控制措施

从农村到郊区或到城市的改造,土地是现成的,全面雨水方法通常围绕着径流渗入地面的机会,通常通过植被雨水控制措施(SCM)。目前许多城市的目标是致力于在市中心和区域中心实现住宿和办公空间的密集化,但城市边界仍在扩大。在这些密集的城市地区,地面的雨水控制措施可能不切实际、无效、不可行或成本过高。土地价格、地下排水不畅(由于反复的土方工程、浅地形、高地下水位或黏土)以及重要的地下开发(如地铁)是(设计)将水排入地下的雨水控制措施面临的挑战。相反,屋顶为雨水减缓提供了富有成效的机会,同时创造了舒适性和建筑价值。

活性屋顶对雨水控制的最大贡献在于径流水文的缓解。在现场或建筑规模上,研究表明,对于中小型降水事件(通常被认为小于 25 毫米的降水量,但

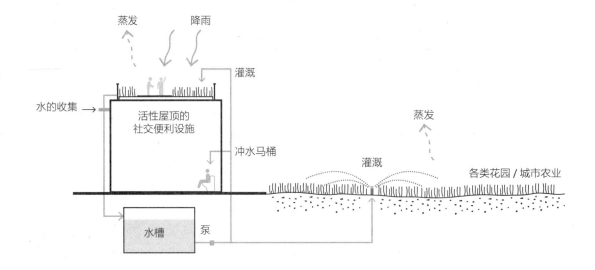

蒸发　降雨

灌溉

水的收集

活性屋顶的
社交便利设施

冲水马桶

蒸发

灌溉

各类花园 / 城市农业

水槽　泵

这个数字取决于地点），径流通常完全消失。当活性屋顶产生径流时，流速明显小于传统的屋顶表面，同时也有水文图（暴雨事件中流量相对于时间的变化）时间的变化。即使在大型（大于 25 毫米）或连续暴雨事件期间，活性屋顶也可以提供显著的径流潜力降低和可靠的峰值流量衰减。通常也可以观察到与常规屋顶表面或直接降雨相比活性屋顶对径流时间的改善。

图 1.2
活性屋顶：具有多
种好处的工具

1.2.2　环境舒适控制

活性屋顶可以作为一个"绿色"和"生活"的开放空间，由于其固有的有机、多层次的组成。活性屋顶层次的数量和隔热特性对室内温度调节有着重要贡献（Koehler et al.，2002）。活性屋顶可以帮助建筑物在较暖和的气候下降温，并在寒冷的气候中减少建筑物顶部的热量损失。活性屋顶的植被和生长介质（Banting et al.，2005；Umweltbundesamt，2012）中可以明显改善活性屋顶紧邻区域的小气候（可达 1℃，无论在白天还是夜晚），因为生长介质中吸收的太阳能和储存的水分能通过蒸发蒸散来增加湿度和降温。

在这两种情况下，活性屋顶都可以帮助节约能源，否则这些能量将用于热调节装置，以达到理想的内部热度状态。如果峰值能量需求（例如来自空调系统）在极端温度时期下降低，则可以避免停电。防止停电可以反过来降低过热建筑物中发生与中暑有关的死亡的概率。这是芝加哥活性屋顶政策背后的重要推动力。

通过使用活性屋顶来减少城市热岛效应对城市居民的健康具有强烈影响，尤其是预防近几年欧洲和美国由于城市高气温的出现而造成的前所未有的老年人和成年人死亡率不断增加的情况。纽约市的一项研究发现，如果纽约 75%

的平面屋顶被改造成活性屋顶，则中午的热量将减少约 0.4℃（Rosenzweig et al.，2006）。虽然单靠活性屋顶不大可能充分地调节城市温度，但城市中心的大量活性屋顶可能会对热岛效应产生积极影响（Umweltbundesamt，2012）。

1.2.3 互动和学习的社交空间

除了众多可衡量的优势之外，屋顶还为社会、文化和经济价值创造了机会。它们可以成为构成城市主要的社会空间，让人们通过与其他公民的互动来定义自己的地方（Watson，2006）。所有城市都有大量未被充分利用的屋顶空间。屋顶空间不是"遗留"的空间。相反，作为建筑物的第五立面，这是一个高产的空间，一个可以帮助解决密集城市发展带来的社会空间不足问题的空间。同时，它也是一个教育空间——一个可以学习水循环、食品生产和野生动物的自然过程的地方（Ashbury.ca，2013）。

有些活性屋顶是都市农业的适宜空间，也是保护生物多样性的良好场所。例如，在全球蜂群衰竭失调这令人震惊的报道之后，屋顶成为养蜂场的流行场所，以此作为缓解蜜蜂逐渐消失的手段。蜜蜂授粉大约占我们整个食品库存的 30%。城市养蜂的其他益处包括教育价值，以及对当地食品经济和文化的贡献，包括百公里饮食。

活性屋顶作为城市第五立面可以增强视域价值，特别是在地面绿地有限或无法获得有意义的视野空间。视域被认为是可见到活性屋顶的区域的全部范围。例如，可以俯视活性屋顶的，相邻建筑物都被包含在视域内，而不仅属于活性屋顶建筑物的所有者或占用者。在保持美观性方面，公共视域被认为是特别重要的，以确保对活性屋顶项目的持续支持。作为建筑表面，从"野生"栖息地到严格的建筑方案，活性屋顶可接受多种灵活的设计。根据其在城市中的位置以及城市与周围景观的背景，活性屋顶的表现应考虑生态、环境、建筑和社会的因素。

1.3 分类

活性屋顶按照德国分类标准通常分为两种基本类型：广泛的或密集的活性屋顶。

本书对广泛型活性屋顶的定义是：

单体或多层活性屋顶系统（排水、生长介质和植物）单独设计或作为复合形式创造一个系统。生长介质（基质）的深度可能是 25—150 毫米，而表面可能是水平的或有坡度的，有较少的地形特征。广泛活性屋顶通常种植低矮的植物。一般来说，除了在夏季干旱期长的气候条件下，或是建设期间，拥有暴露在外的非常陡峭的屋顶坡地，或由于美学需要永久保持"绿色"之外，广泛型活性屋顶不会被灌溉。广泛活性屋顶对步行交通比较敏感，因此应避免与植被区域直接接触（维护除外）。其目的是创建一个富有弹性的系统来管理雨水径流，在肥料、灌溉或除草等方面，其维护要求相对较低。

密集型活性屋顶被定义为：

多层系统（排水、生长介质和设备）单独设计或作为复合形式创造一个系统。无论是平坦的还是可变的地形，基质深度通常大于 150 毫米。虽然以植被为主，但也可能包括硬质景观，比如铺路和棚架结构。植被从草本植物到灌木和树木均可种植，整个植物系统可以构成一个种植模式。为了保护较昂贵的资源（例如树木）或实现适当的生产（例如都市农业），通常需要对密集型活性屋顶进行定期灌溉。密集型活性屋顶主要应用于创建一个位于建筑结构上方的完整花园或景观，是屋顶花园的代名词。

在本书中，我们将重点放在广泛型活性屋顶的技术和建筑设计上。正如第三章中将要详细阐述的那样，广泛型活性屋顶可以提供足够的能力来处理可能对基础设施构成重大威胁的"日常"降雨事件的径流。相反，建筑的复杂性，增加的结构负担以及需要更高强度维护的可能性，使密集型活性屋顶不能完全成为一个消减雨量的工具。

1.4 功能组件

一个活性屋顶通常由多个面组成（图 1.3），每一层在整个系统功能中扮演着重要的角色。这里描述了活性屋顶装配中各层的基本功能及其相对的垂直

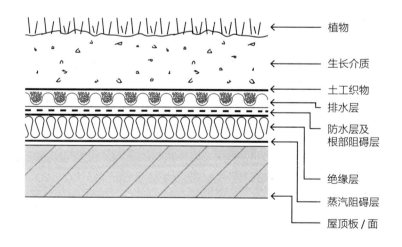

植物

生长介质

土工织物

排水层

防水层及
根部阻碍层

绝缘层

蒸汽阻碍层

屋顶板 / 面

图 1.3
典型的活性屋顶组件

位置，并在第四章中详细讨论了具体的设计考虑。

1.4.1　防水层

防水层的目的是为了保护建筑物和底层建筑免受水损害，它通常是一种合成膜。对于任何建筑来说，不管是否安装了活性屋顶，安装完整可靠的防水层是至关重要的。从长期来看，在无绿化遮盖的屋顶上，泄漏通常是由紫外线照射引起的膜的机械破坏，或冻融循环引起的收缩，以及由于服务、安装和维护工作而造成的物理故障（孔、切割）。正确设计和安装的活性屋顶应通过在防水膜上方提供物理绝缘层来解决这每一个潜在危害。据说，德国有一个 90 年之久的活性屋顶，从未替换过它的底层膜。另一个常听到的保守估计完全覆盖防水膜的活性屋顶系统至少使防水膜的使用寿命延长一倍。

1.4.2　根部阻碍层

保护建筑物防水膜的完整性是活性屋顶系统安装和长期运行期间的首要任务。避免具有侵略性根结构（如竹子）的植物是一道重要的防线，物理或化学根部阻碍层提供了另一层的保护。在某些情况下，风吹种子可能引入具有侵略性根的植物，例如桦树幼苗，并可能被维护人员忽略。与修复潜在损害的成本相比，根部阻碍层的成本被认为是更低廉的。通常，根部阻碍层被融入防水层中以减少单独的层次和施工的成本。

1.4.3　保湿层（可选）

补充保湿可以增强植物健康和雨水滞留。保持水分与生长介质和 / 或植物根部之间的直接接触对于功能性是至关重要的。在降雨或灌溉事件之间的较长干旱时期内，植物根部可利用的储存水分将减少植物逆境的持续时间和严重性。如果保留的水与生长介质和 / 或植物根部直接接触，则在保湿层中储存的雨水将有助于蒸散而不是直接成为径流。因此，保湿层最好置于根区底部，在生长介质和土工织物分离层之间。相反，放置在活性屋顶横截面的上部区域中的保湿层或材料可以减少根部在生长介质中的发育，通常会因此危害了植物在有风的环境中的稳定性。

保湿层可由合成材料或天然纤维制成。合适的天然纤维、织物或垫子，可由某些类型的泥炭、泥炭藓、椰壳、羊毛、黄麻或毡制成。市场上出现了泡沫和其他合成保湿材料。保湿层具有不同的寿命，而且它们可能会随着时间的推移而分解。要保护材料免受紫外线照射，如将其放置在生长介质的基部，应有助于延长其使用寿命。

1.4.4 排水层

生长介质下的一个明显的排水层促进了屋顶出口（泄水孔和落水管）的自由排水。独立的排水层通常由合成垫或刚性板制成，用粘结的（附加的）土工布，也可能含有一个根部阻碍层。或者，可以使用例如轻质粗集料（例如浮石）的粒状材料，或非活性的再生材料等。在这种情况下，还应在排水层和生长介质之间放置单独的土工布。

尽管排水层本身不提供防水作用，但它可以在种植或维护期间为可能被铁锹或其他园艺器具损坏的防水层提供保护。许多排水层由合成垫子（鸡蛋箱或蜘蛛网形）制成，超过其材料体积的 50% 为空气。这些垫子为植物根系提供了空气循环，以及一个蒸发区以保持倒置屋顶组件的屋顶隔热层干燥（见第三章）。排水层可以防止屋顶上出现自由水，最大限度地降低寒冷环境中的潜在冻害。

1.4.5 土工布分离层

土工织物有助于保持生长介质的位置，防止它损害排水层的有效性。土工织物通常不起到过滤污染物的作用。与合成的排水层结合的土工织物往往比单独的土工织物层更容易安装（如果指定了集料排水层，则可能需要此层）。

1.4.6 生长介质

在雨水管理方面，生长介质可能是活性屋顶系统中最重要的功能组件。它有时被称为基质或工程媒介。生长介质为屋顶降雨储存提供了主要的"海绵"。生长介质储存的水随后通过蒸散返回大气，而不是成为径流。即使水分（降雨）储存量已满，与降雨强度或传统屋顶的径流相比，通过增长介质（而不是通过地表）的曲折流动路径可降低径流速度。

不仅在雨水收集上有好处，生长介质在生理上和营养上支持着植物的活力。生长介质不断地帮助减少能源需求，因为它在潮湿时提供热量，干燥时绝缘。在许多情况下，它是可以用来抗衡风浮力的压载物。

1.4.7 植被

活性屋顶提供多种技术功能的关键是由一个健康、密集的植物群落的存在所创造或增强的。该系统有持续滞留降雨的弹性，即使暴雨的连续不断发生，这种弹性因为植物的蒸腾作用也会大大增强：这是蒸散（evapo transpiration，简称"ET"）中的"T"（transpiration）。许多学术研究已经证明了活性屋顶植物群落对提高蒸散的影响，以及促进蒸散在城市水平衡中的重要性。

蒸散也是一个冷却过程。以热量形式的能量将生长介质里储存的液态水（即滞留的雨水或灌溉）转化为水蒸气。这将在屋顶的正面上方形成一个更冷的小气候。据说，活性屋顶上方的窗户可以享受凉爽的微风。其他证据表明，进气口位置靠近植物冠层的空调装置的效率提高：冷却空气需要的能量会更少，从而减少能源需求。

无论屋顶的技术意图如何，健康植物都有助于让那些在屋顶视域内的人们接受或欣赏活性屋顶。植被改变了传统屋顶表面的典型灰度，并为"设计"开放空间提供了无尽的可能。与看砖墙或混凝土墙相比，有结果显示出观察植物可以提高了患者术后恢复率。活性屋顶可以让行动不便的人进入绿色环境，并帮助他们保持精神健康（Kuo，2010；Ulrich，1984）。

屋顶的植物促进了城市生物多样性，为昆虫提供了花粉、避难所和食物，也为鸟类休憩提供了凉爽的表面（与传统的屋顶相比）。它们有助于连接城市绿地的绿色走廊，为植物和动物的迁徙提供通道。

最后，植物有助于维持活性屋顶系统的稳定性。它们可以防止雨水和风对生长介质的侵蚀。植物根系创造一个基质来保持生长介质的位置，同时也有助于长期保持其孔隙度和渗透性。

1.5 三个基本概念

在活性屋顶提供的所有潜在优势中，有效雨水管理可能是其中最简单的一个目标，只要它的系统特征和部件特性能够得到设计团队、产品供应商、安装人员和维护团队的充分理解。这就引出了决定我们的活性屋顶设计框架的三个基本原则。

1.5.1 系统组成
活性屋顶是城市雨水管理整体系统的一个组成部分。一般认为，活性屋顶一定是在一个大型水文系统的特定区域内运行的，并且一定是要对其有促进作用或是减轻人类活动对它的消极影响。

1.5.2 动态生命周期
活性屋顶是动态的生命系统。每个活性屋顶的外观和功能都会随着气候和植被生长过程的变化而改变。它的成功取决于对气候的深入理解、合适的部件规格，以及一个体现设计目标、客户需求或期望、现场生物学的维护方案。广泛型活性屋顶预计将"生存"几十年。

1.5.3 人工景观

活性屋顶是一个人工设计建造的系统。从它们的组成和结构（它们是什么）到他们的实用性和体验性功能（它们能做什么），都必须反映它们运转的时间段和物理空间。也就是说，植物和生长介质的选择必须与气候条件相匹配。密集或广泛型活性屋顶、景观还是结构等有关表现形式的决定，必须要符合社会需求或功能适用性，符合预期的空间特征和类型住宅或商业、单地段或多人居住等。

1.6 本书结构大纲

要将活性屋顶应用到城市环境中，可以在建筑物、城市街区、城市范围、排水系统、集水区等多个维度上考虑。本书主要讨论了应用于单一建筑物的活性屋顶的设计和实施。在这个规模上，活性屋顶可能会对雨水管理有显著影响，且比起在其他（规模），在这一规模上客户或景观设计师对设计的影响最大。

本书介绍了如何分析、规划、应用、整合活性屋顶的技术层面和非技术层面，但是并没有涉及具体的政策手段。在这本书中，我们的目标是为活性屋顶项目提供指导，以确保在目前研究的基础上，能够实现雨水管理的基本水平，甚至是更进一步的水平。这本书讨论了在最基本的设计建议之上的设计改善，在创造美观的活性屋顶的同时，可能会产生更好的成果，我们希望这本书能够对有助于整体的城市水资源管理的活性屋顶的实施起到有意义的促进作用。

第二章对城市雨水径流的日常监管驱动因素提出了见解，并对如何利用活性屋顶来控制径流提出了相关技术层面的观点。本章还对相关学术研究进行了详细的总结，包括关于活性屋顶的雨水性能研究，以及设计对性能的影响。

第三章着重于规划过程。它确定了各利益相关者在活性屋顶项目中的重要作用，突出了利益相关者所讨论的主题，并表明了为什么对项目目标进行明确定义可以促进设计和实施过程。此外，规划的技术要素也得到了处理，例如计算潜在的径流量等。

第四章以实际的活性屋顶的设计过程为中心，考虑每个功能层的技术规范，结合了建筑要素和舒适价值，并通过在设计中加强维护以促进长期的成功。对于每一个主题，这里探索了利益相关者之间的潜在联系（特别强调了景观设计师和雨水工程师），寻求增进成果的机会。

第五章以案例研究为主，联系规划和设计的各个方面，揭示利益相关者之间互动的重要性，以成功实现项目目标。

第六章中的结束语考虑了未来的发展方向，以促进对活性屋顶科学的理解，以及对它们在整体城市水系统中重要作用的了解。

参考文献

- Albiac, J. (2009). *Water Quality and Nonpoint Pollution: Comparative Global Analysis*, presented at Fourth Marcelino Botín Foundation (MBF) Water Workshop, Santander, Spain, September 22–24, 2009. Available at: www.rac.es/ficheros/ doc/00728.pdf (accessed October 15, 2012).
- Ashbury.ca (2013). Green Roof Initiative: Learning within a Sustainable Environment. Available at: www.ashbury.ca/page.aspx?pid=724 (accessed January 19, 2013).
- Banting, D., Doshi, H., Li, J. and Missios, P. (2005). *Report on Cost and the Environmental Effects on Green Roof Technology for the City of Toronto*. Report to City of Toronto and Ontario Centres of Excellence – Earth and Environmental Technologies. Available at: www.toronto.ca/greenroofs/pdf/fullreport103105.pdf (accessed January 20, 2013).
- Berghage, R., Loosvelt, G. and Hoffman, L. (2010). Green Roof Thermal and Stormwater Management Performance: The Gratz Building Case Study, New York City. Prepared for Pratt Centre for Community Development. Available at: www.nyserda.ny.gov/-/media/ Files/Publications/.th.th./gratz-green-roof.pdf (accessed January 20, 2013).
- Carpenter, D. and Kaluvakolanu, L. (2011). Effect of Roof Surface Type on Storm-Water Runoff from Full-Scale Roofs in a Temperate Climate. *Journal of Irrigation and Drainage Engineering*, 137: 161–169.
- Carr, G.M. and Neary, J.P. (2009). *Water Quality for Ecosystem and Human Health*, 2nd edition. United Nations. Available at: www.unep.org/gemswater/Portals/24154/ publications/pdfs/water_quality_human_health.pdf (accessed October 15, 2012).
- Carson, T.B., Marasco, D.E., Culligan, P.J. and McGillis, W.R. (2013). Hydrological Performance of Extensive Green Roofs in New York City: Observations and Multi-Year Modeling of Three, Full-Scale Systems. *Environmental Research Letters*, 8(2013)024036.
- Carter, T. and Rasmussen, T. (2006). Hydrologic Behavior of Vegetated Roofs. *Journal of the American Water Resources Association*, 42: 1261–1274.
- City of New York (2008). PlanYC 2008. Office of the Mayor. Available at: www.nyc.gov/ html/planyc2030/html/home/home.shtml (accessed May 2012).
- City of New York (2012). NYC Green Infrastructure 2011 Annual Report. Dept. of Environmental Protection. Available at: www.nyc.gov/html/dep/pdf/green_ infrastructure/gi_annual_report_2012.pdf (accessed October 1, 2013).
- Coley, R.L., Kuo, F.E. and Sulivan, W. (1997). Where Does Community Grow? The Social Context Created by Nature in Urban Public Housing. *Environment and Behaviour*, 29 (4): 468–494.
- Corburn, J. (2009). Cities, Climate Change, and Urban Heat Island Mitigation: Localizing Global Environmental Science. *Urban Studies*, 46 (2): 413–427.
- Cox, W. (2012). Prescriptive Land Use Regulation and Higher House Prices: Literature Review on Smart Growth, Growth Management, Livability, Urban Containment and

Compact City Policy. Available at: http://demographia.com/db-dhi-econ.pdf (accessed January 18, 2013).

- DeNardo, J., Jarrett, A., Manbeck, H., Beattie, D. and Berghage, R. (2005). Stormwater Mitigation and Surface Temperature Reduction by Green Roofs. *Transactions of the American Society of Agricultural Engineers*, 48: 1491–1496.

- DiGiovanni, K.A. (2013). *Evapotranspiration from Urban Green Spaces in a Northeast United States City*. (Ph.D.) Drexel University.

- DiGiovanni, K., Montalto, F., Gaffin, S. and Rosenweig, C. (2013). Applicability of Classical Predictive Equations for the Estimation of Evapotranspiration from Urban Green Spaces: Green Roof Results. *Journal of Hydrologic Engineering*, 18: 99–107.

- Douglas, I. (2010). Study Finds Causes of Colony Collapse Disorder in Bees. *Daily Telegraph*. Available at: www.telegraph.co.uk/gardening/beekeeping/8050583/Study-finds-causes-of-Colony-Collapse-Disorder-in-bees.html (accessed June 21, 2013).

- Dupont, G. (2007). Les abeilles malades de l'homme. *Le Monde*, August 29. Available at: www.lemonde.fr/planete/article/2007/08/29/les-abeilles-malades-de-l-homme_948835_3244.html (accessed June 21, 2013).

- Fassman-Beck, E., Simcock, R., Voyde, E. and Hong, Y. (2013). 4 Living Roofs in 3 Locations: Does Configuration Affect Runoff Mitigation? *Journal of Hydrology*, 490: 11–20.

- Fischer, A. (2010). Link Henry David Thoreau: The Impact of Journal Prose in American Environmental Thinking. Unpublished thesis. MES Masaryk University. Available at: http://is.muni.cz/th/85669/fss_m/ (accessed December 13, 2010).

- Forest Research (2010). *Benefits of Green Infrastructure*. Report to Defra and CLG. Available at: www.forestry.gov.uk/pdf/urgp_benefits_of_green_infrastructure_main_report.pdf/$FILE/urgp_benefits_of_green_infrastructure_main_report.pdf (accessed October 15, 2012).

- Getter, K., Rowe, D. and Andresen, J. (2007). Quantifying the Effect of Slope on Extensive Green Roof Stormwater Retention. *Ecological Engineering*, 31: 225–231.

- Gippel, C. (2001). Geomorphic Issues Associated with Environmental Flow Assessment in Alluvial Non-tidal Rivers. *Australian Journal of Water Resources*, 5 (1): 3–19.

- greeningofcities.org (2012). National Science Foundation Greening of Cities International Workshop on Green Urban Infrastructure. Auckland, New Zealand. Available at: www.greeningofcities.org/workshop/about-workshop/(accessed July 31, 2014).

- Hellmund, P.C. and Smith, D (2006). *Designing Greenways: Sustainable Landscapes for Nature and People*. Washington, DC: Island Press.

- International Water Management Institute (2000). Projected Water Scarcity in 2025. Available at: www.lk.iwmi.org/resarchive/wsmap.htm (accessed October 15, 2012).

- Kellett, J. and Rofe, M.W. (2009). Creating Active Communities: How Can Open and Public Spaces in Urban and Suburban Environments Support Active Living? A Literature Review. Report by the Institute for Sustainable Systems and Technologies, University of South Australia to SA Active Living Coalition. Available at: www.heartfoundation.org. au/SiteCollectionDocuments/Creating-Active-Communities-full. pdf (accessed January 17, 2013).

- Koehler, M., Schmidt, M., Grimme, F.W., Laar, M., de Assuncao Paiva, V. and Tavares, S. (2002). Green Roofs in Temperate Climates and in the Hot-Humid Tropics – Far Beyond the Aesthetics. *Environmental Management and Health*, 13 (4): 382–391.

- Kovats, R.S. and Kristie, L.E. (2006). Heatwaves and Public Health in Europe. *European Journal of Public Health*, 16 (6): 592–599. Available at: www.ncbi.nlm.nih.gov/pubmed/16644927 (accessed January 20, 2013).
- Kumar, R. and Kaushik, S.C. (2004). Performance Evaluation of Green Roof and Shading for Thermal Protection of Buildings. *Building and Environment*, 40: 1505–1511. Available at: www.sciencedirect.com.ezproxy.library.ubc.ca/science/article/pii/S0360132304003427 (accessed January 19, 2013).
- Kuo, F.E. (2010). *Parks and Other Green Environments: Essential Components of a Healthy Human Habitat*, Executive Summary. Ashburn: National Recreation and Park Association. Available at: www.nrpa.org/uploadedFiles/nrpa.org/Publications_and_Research/Research/Papers/MingKuo-Summary. PDF (accessed December 11, 2012).
- Lawlor, G., Currie, B.A., Doshi, H. and Wieditz, I. (2006). *Green Roofs: A Resource Manual for Municipal Policy Makers.* Report to Canada Mortgage and Housing Corporation. Available at: www.cmhc-schl. gc.ca/odpub/pdf/65255.pdf (accessed January 17, 2013).
- Liu, K. (2003). *Engineering Performance of Rooftop Gardens through Field Evaluation*. Toronto: National Research Council Canada.
- Margulis, L. and Chaouni, A. (2011). *Introduction*, presented at Out of Water Conference, Toronto, April 1–2, 2011.
- Martin, J. (2011). *Genius of Place: The Life of Frederick Law Olmsted*. Cambridge, MA: Da Capo Press.
- Matteson, K.C. and Langellotto, G.A. (2009). Bumble Bee Abundance in New York City Community Gardens: Implications for Urban Agriculture. *Cities and the Environment*, 2 (1): 1–20. Available at: http://digitalcommons.lmu.edu/cgi/viewcontent.cgi?article=1018&context=cate (accessed January 20, 2013).
- National Research Council (2009). *Urban Stormwater Management in the United States*. Washington, DC: National Research Council, National Academies Press.
- Nienhuis, P.H. and Leuven, R. (2001). River Restoration and Flood Protection: Controversy or Synergism? *Hydrobiologia*, 444: 85–99. Available at: http://link.springer.com/article/10.1023%2FA%3A1017509410951?LI=true#page-1 (accessed October 15, 2012).
- NY/NJ Baykeeper.org (2013). Stop Combined Sewer Overflows in NJ-2-13. Available at: http://nynjbaykeeper.org/stop-combined-sewer-overflows-in-nj-2013 (accessed June 24, 2014).
- Oldroyd, Benjamin P. (2007). What's Killing American Honey Bees? *PLoS Biology*, 5 (6): e168. Available at: www.ncbi.nlm.nih.gov/pmc/articles/PMC1892840/ (accessed October 25, 2014).
- Planning Institute Australia (2003). *Water and Planning*. Available at: www.planning.org.au/policy/water-and-planning (accessed December 11, 2012).
- Philadelphia Water Department (PWD) (2011). *Green City, Clean Waters: The City of Philadelphia's Program for Combined Sewer Overflow Control, Program Summary*. Philadelphia: Philadelphia Water Department. Available at: www.phillywatersheds. org/doc/GCCW_AmendedJune2011_LOWRES-web. pdf (accessed May 26, 2014).
- Poppick, L. (2013). Buzz in NYC? Hobbyists Swarm to Beekeeping. *Livescience.com*. Available at: www.livescience.com/38198-urban-beekeeping-takes-flight. html (accessed June 21, 2014).

- Rezaei, F. (2005). *Evapotranspiration Rates from Extensive Green Roof Species*. (Master of Science) Pennsylvania State University.

- Rijsberman, Frank R. (2005). Water Scarcity: Fact or Fiction? *Agricultural Water Management*, 80: 5–22.

- Rosenzweig, C., Slosberg, R.B., Savio, P. and Solecki, W.D. (2006). Green Roofs in the New York Metropolitan Region. Research Report. Columbia University Centre for Climate Systems Research and NASA Goddard Institute for Space Studies. Available at: http://pubs.giss.nasa.gov/abs/ro05800e.html (accessed January 30, 2013).

- Satow, J. (2013). Worker Bees on a Rooftop, Ignoring Urban Pleasures. *New York Times*. Available at: www.nytimes.com/2013/08/07/realestate/commercial/worker-bees-on-a-rooftop-ignoring-bryant-parks-pleasures.html?pagewanted=all&_r=0 (accessed June 21, 2013).

- Spivak, M. (2013). Why Honey Bees are Disappearing. *Ted.com*. Available at: www.ted.com/talks/marla_spivak_why_bees_are_disappearing (accessed June 21, 2013).

- Starry, O. (2013). *The Comparative Effects of Three Sedum Species on Green Roof Stormwater Retention*. (Ph.D.) University of Maryland.

- Stovin, V., Vesuviano, G. and Kasmin, H. (2012). The Hydrological Performance of a Green Roof Test Bed under UK Climatic Conditions. *Journal of Hydrology*, 414–415: 148–161.

- Tanner, S. and Scholz-Barth, K. (August 2004). Green Roofs. Report to U.S. Department of Energy, Energy Efficiency and Renewable Energy Federal Technology. DOE/EE-0298. Available at: http://www1.eere.energy.gov/femp/pdfs/fta_green_roofs.pdf (accessed January 19, 2013).

- Than, K. (2012). Heat Waves "Almost Certainly" Due to Global Warming? *National Geographic Daily News*. Available at: http://news.nationalgeographic.com/news/2012/08/120803-global-warming-hansen-nasa-heat-waves-science/ (accessed January 30, 2013).

- Theodosiou, T. (2009). Green Roofs in Buildings: Thermal and Environmental Behaviour. *Advances in Building Energy Research*, 3: 271–288.

- Thoreau, H.D. (1851). Journal II: 1850—September 15, 1851, in *The Writings of Henry David Thoreau* (1906), edited by B. Torrey. Boston: Houghton Mifflin Co. Available at: www.walden.org/documents/file/Library/Thoreau/writings/Writings1906/08 Journal02/Chapter4.pdf (accessed December 13, 2012).

- Ulrich, R.S. (1984). View through a Window May Influence Recovery from Surgery. *Science*, 224: 420–421.

- Umweltbundesamt (2012). Kosten und Nutzung Anpassungsmassnahmen an den Klimawandel. Prepared by J. Trötzsch, B. Gölach, H. Luckge, M. Peter and C. Sartorius. Available at: www.uba.de/uba-info-medien-e/4298.html (accessed December 18, 2012).

- UN Water, Food and Agriculture Organization of the United Nations (2007). *2007 World Water Day: Coping with Water Scarcity*. Available at: www.unwater.org/downloads/escarcity.pdf (accessed October 24, 2014).

- US Environmental Protection Agency (US EPA) (2008). Green Roofs, in *Reducing Urban Heat Islands: Compendium of Strategie*s. Available at: www.epa.gov/hiri/resources/pdf/GreenRoofsCompendium.pdf (accessed January 30, 2013).

- US EPA (1993). *Guidance Specifying Management Measures for Sources of Nonpoint Pollution in Coastal Waters*. Washington, DC: United States of America Environmental

Protection Agency.

- VanWoert, N., Rowe, D., Andresen, J., Rugh, C., Fernandez, R. and Xiao, L. (2005). Green Roof Stormwater Retention: Effects of Roof Surface, Slope and Media Depth. *Journal of Environmental Quality*, 34: 1036–1044.
- Villarreal, E. (2007). Runoff Detention Effect of a Sedum Green-Roof. *Nordic Hydrology*, 38: 99–105.
- Villarreal, E. and Bengtsson, L. (2005). Response of a Sedum Green-Roof to Individual Rain Events. *Ecological Engineering*, 25: 1–7.
- Voyde, E. (2011). *Quantifying the Complete Hydrologic Budget for an Extensive Living Roof*. (Ph.D.) University of Auckland.
- Voyde, E.A., Fassman, E.A. and Simcock, R. (2010). Hydrology of an Extensive Living Roof under Sub-Tropical Climate Conditions in Auckland, New Zealand. *Journal of Hydrology*, 394: 384–395.
- Wadzuk, B., Schneider, D., Feller, M. and Traver, R. (2013). Evapotranspiration from a Green Roof Stormwater Control Measure. *Journal of Irrigation and Drainage*, 139 (12): 995–1003.
- Watson, S. (2006). *City Publics: The (Dis)Enchantments of Urban Encounters (Questioning Cities)*. London: Routledge.
- Williams, S. (2008). The Case of the Missing Bees: How Scientific Sleuths at Penn State are Helping to Solve the Mystery. *Penn State Agriculture*, 1: 18–25. Available at: www.personal.psu.edu/sfw3/sits/PSUAgMag_BeeStory.pdf (accessed January 20, 2013).
- Wooley, H. and Rose, S. (2004). The Value of Public Space: How High Quality Parks and Public Spaces Create Economic, Social and Environmental Value. London: CABE Space. Available at: www.worldparksday.com/files/FileUpload/files/resources/the-value-of-public-space.pdf (accessed October 15, 2012).

第二章　活性屋顶在整体雨水管理系统中的作用

即使公众对雨水径流的环境影响的意识日益提高，政府对雨水管理要求的规定仍然是设计和安装所有雨水控制措施最重要的驱动因素或潜在限制因素。在撰写本文时，发现许多城市正处于设计雨水控制的范式转变之中。绿色基础设施向绿色雨水基础设施的转变为活性屋顶提供了机会，并且设计手册为径流计算提供了计算程序，但这对监管机构实施较慢的领域带来了挑战。对监管背景的讨论是有必要的，因为它构成了雨水设计者所采用的技术目标的基础。它还形成一个框架或一套规则，用此来评估建筑物或更广泛的开发提议的创建并减缓径流潜力。

在绿色雨水基础设施中，雨水"管理"包括场地蓄留以限制径流量、暂时滞留以进一步减少峰值流量，以及源头控制以防止排放或提供处理以减少一系列污染物的排放量。这些可以进一步定义为：

• 通过设计渗透到地面、蒸发到大气，或收集起来再利用的降雨或径流被认为是滞留的。随着雨水的滞留，原本排放到下水道或溪流的径流净流量将减少。活性屋顶、生物截留、透水路面、有水管来回收水的蓄水池和一些沼泽，被视为蓄留型雨水控制措施。即使在生物滞留或渗透性路面系统有暗渠的情况下，也可以提供显著的蓄留。

• 被保留并缓慢渗入受纳环境的降雨或径流被视为滞留。径流的流量降低，但总流量没有改变。池塘、盆地和人工湿地是典型的滞留型雨水控制措施。在某些情况下，滞留会改变峰值流量的时间。

• 防止在现场产生径流或污染物的自我消减表面通常被认为是源头控制。活性屋顶和透水路面就是水源控制的例子，因为很多暴雨事件都不会发生地表径流。有时候，其他雨水控制措施（如生物截留和洼地）如果安装在靠近径流或污染物产生的位置，则会被视为处于或接近源头控制，以便在雨水流走之前对径流进行妥善管理。

• 处理通常特指管理污染物。暴雨径流中发现的污染物在化学，生物和物理组成以及浓度方面都有所不同。在关注水质的情况下，在选择用于给定场所的适当的型雨水控制措施时，至少应该部分考虑其提供的用于去除或减少特定于该场所或受纳环境的污染物的机制。例如，沉淀通常可以通过重力沉降充分清除，这可以由池塘或简单的草坪沼泽提供，或如生物截留一样通过过滤介质来过滤。另一方面，碳氢化合物会漂浮。重金属如锌和铜常会吸附在过滤介质上。除氮通常需要无氧的环境、较窄的温度范围和相当长的时间。暴露在阳光下的紫外线下会破坏病原体。在活性屋顶的情况下，要考虑的关于水质的根本问题是：污染物的来源是什么（如果有的话）？这在第 2.6 节有更详细的探讨。

2.1 市政法规中的城市水量平衡

水生态系统的完整性，在一定程度上取决于水循环组成部分之间水的平衡分配。在未受干扰的环境中，降雨（雨、雪、雨夹雪等）被植被的树冠截留或浸入地下。叶子捕获的水直接通过蒸发返回到大气中，或作为径流沿着植物元素传播，最终渗入植物基部附近的地面。通过植被的大部分降水将通过地表渗透到深层地下水补给中，或通过浅层土壤流向溪流以补给基本（干旱天气）流量。来自上层土壤和来自表层洼地里开阔水域的蒸发以及来自植物的蒸腾作用（一起称作蒸散）让大量暂时储存的水返回大气。在植被覆盖率高、坡度平缓的未开发的环境中，总降水量中只有一小部分会成为地表径流，并沿着陆地流入小溪、河流、湖泊、河口、港口和沿海环境等水域。

城市发展破坏了自然界典型的水分布。鉴于自然界提供的地形不均匀，将水存储在局部凹陷中进行蒸发和补给，而与人类发展相关的场地筑平则简化了施工和长期使用的负担。通常，很少有开放空间用于渗透。保留或创造的开放空间通常是受到干扰的；建造公园、庭院、花园、保护区等便利地形结构改变了土壤结构的天生条件和完整性，常常将其压实，从而降低渗透性（Pitt et al.，1999，2008；Simcock，2009）。在城市发展下，植被冠层明显减少，并且在许多情况下（被）完全消除，随之消失的还有先前提供的天然截留和蒸散。自然环境的"海绵"被替换为不透水的表面，如道路、屋顶、停车场以及会迅速排出地表径流的被干扰压实的土壤。

随着水文循环的截留、渗透、蒸散和其他地表径流提取减少，如有相同的降水量，地表径流量必须按比例增加，以维持集水区内的总体水平衡。这种增加的径流量通过高效的城市排水系统（屋顶、排水沟、街道、管道式雨水管和混凝土渠道）移动，由于其流动速度和效率的提高而进一步加剧了对受纳水域的潜在影响。当来自不同支流的水流汇聚到主要的接收水域或下水道中时，可能会创造更大的峰值流量（Ferguson，1998；USEPA，2004）。一路上，污染物夹带在径流中。随着发展程度的增加，潜在影响也在增加。流域特定的条件影响着生态系统的完整性，但研究表明，低至 10% 的不渗透区域就可能影响流水质量（Schueler et al., 2009）。

　　绿色雨水基础设施推动着水循环的组成部分，而这些组成部分是受传统形式的西方城市发展影响最大的（图 1.1）。旨在促进蒸散、渗透、雨水再利用和其他径流抽取的设计，是实现更接近开发前条件的管理目标的关键要素。实际上，设计或实施这些功能的能力在城市环境中受到限制。例如，含水量"紧实"的原土壤（如黏土），含有大量填充物的地区，地下公用设施（包括地铁）的存在，或有着受污染土壤的棕色地块 / 再开发地点等为可行（或合理）渗透带来了挑战。市区中心或中央商务区的狭窄空间可能会限制雨水收集和再利用。由于广泛型居住屋顶通常不受（那些约束着）地面绿色雨水基础设施的因素的限制，它们成为恢复或维持水循环的重要一环。

2.2　工程师对雨水定量设计目标的看法

　　总的来说，大部分规范只适用于超过最低限度的土地扰动或不透水区域增长的新建或重建项目。在世界各地，绝大多数城市的雨水径流未经处理就直接进入受纳系统，最终进入受纳水域。

　　来自开发集水区的地表径流及其相关污染物的增加，引发了许多西方国家的监管干预，并引入了称为最佳管理措施的城市雨水管理技术。例如，在美国普遍使用从 20 世纪 90 年代引入的最佳管理措施来处理径流污染物（如沉积物、氮、磷、锌和其他重金属以及病原体），同时也修订了建立了国家许可排放清除系统的"清洁水法"。同样，奥克兰新西兰根据《1991 资源管理法》，为地方发展项目引入了雨水排放许可证制度。类似的要求还没有在全国范围内实施。欧洲联盟的 2000 年水框架指令，为实现保护地表、沿海和地下水的水质和水系统完整性制定了目标和实施规划。很少有国家规划解决现有发展中的径流问题；美国的"最大日负荷总量"规划就是典型的流域规模改造解决方案。

　　绿色雨水基础设施的新目标是在雨水从屋顶 / 径流源流向汇水域时，尽可能模拟自然系统的水文和水质过程。土地利用规划技术必须结合工程措施（如雨水控制措施）来实现这些目标。条例和许可证经常附有城市、州或区域一级的技术设计约定（标准、指导和标准）。为了确定任何雨水控制措施的尺寸和水力特性，工程师计算由特定级别的单独降雨（"设计暴雨"）或一系列暴雨事件（连续模拟）所产生的径流。定量目标必须建立工程设计要点。最根本的问题是：一个活性屋顶可以滞留多少雨量？

　　在大范围的气候条件下，降雨量分析令人惊讶地产生了类似形状的光谱频率曲线。在一个特定的位置，这种类型的曲线根据历史记录，将降雨的深

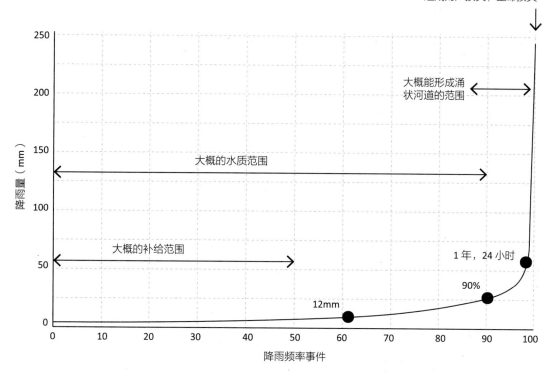

造成财产损失，生命损失

大概能形成涌状河道的范围

大概的水质范围

大概的补给范围

1 年，24 小时

90%

12mm

降雨量（mm）

降雨频率事件

图 2.1
明尼苏达州明尼阿波利斯的降雨频谱示例（来自明尼苏达州污染控制局的降雨频谱 [2013]。本书作者叠加了大概影响的标注）

度与它或比它更大型事件发生的频率（测量为百分位数）相关联。例如，在图 2.1 中，90% 的时间降雨量为 25 毫米或更小（即第 90 百分位事件为 25 毫米）。相反，只有 10% 的时间会发生大于 25 毫米的暴雨。较大的暴雨在单个暴雨事件的基础上会产生更多的径流，但发生频率较低。通过设计来控制"日常"事件（例如发生时间高达 90% 的事件）意味着单独暴雨事件的大部分径流会受到控制。

　　降雨频谱频率分析通常显示出锐利的曲率（例如曲线弯曲点或拐点），通常在第 75 和第 95 百分位降雨深度之间。定量地说，如果雨水解决方案可以滞留高达 75—95 百分位降雨深度的降雨量，则年度总径流量和污染物负荷的大部分也将得到控制（NRDC，2011）。经典的经济理论边际收益递减规律适用于此：滞留更大型的，但频率更少的事件，需要占用更多空间的雨水控制措施 / 或会有更广泛的土地使用限制，总体来说是增加成本以获得略微增加的收益。

　　在水文方面，第 75—95 百分位的事件被认为是中小型暴雨，此时活性屋顶在控制径流量和峰值流量方面非常有效（第 2.5.1 节）。由于绝大多数降雨事件都属于这一类别，因此活性屋顶可为规划综合雨水管理作出巨大贡献。在一些汇水环境中，这可能足够满足法律法规。在其他地方，活性屋顶应该被看作是减少常规设计的地面或地下雨水控制措施规格的补充机制。

2.3 市政雨水法规带来的技术挑战

定量地从经常发生的降雨事件处理雨水影响范围，与传统的雨水控制措施和许多市政法规中的排水设计程序有很大的区别。活性屋顶设计专业人士面临着一场艰难的战斗，因为法规要求只对雨水管理进行历史透视，也没有采用定量绿色雨水基础设施设计程序。

传统的雨水管理方法应用管道末端设计的方法，在城市径流产生时候来捕获和处理城市径流，却几乎不鼓励在径流产生的源头来提供径流蓄留。典型的市政法规旨在限制洪峰流量，要求从较大、相对罕见的降雨事件中滞留径流，例如 2—10 年的年度复发间隔 3 事件。其目的是防止侵蚀和减轻洪水风险。在降雨频谱频率分析（图 2.1）方面，这些暴雨通常是大于第 95 百分位数的事件。两年的年度复发间隔事件被建立为设计目标，通过简化试图识别临界暴雨的发生频率的研究，这些临界暴雨被认为是可以确定接收流的大小和形状（Brown & Calac，2001）。衰减 25—100 年 ARI 的洪峰流量通常需要额外的滞留层面。管理这些暴雨事件产生的径流旨在保护生命和财产安全。

最近的研究表明，典型的"一刀切"峰值流量控制管理方法与蓄留池没有完全有效地减轻水合作用的影响和城市径流的影响。例如，城市集水区径流的频率已经被确定为河流生态系统退化的关键因素。通过在现场蓄留来减少径流量和考虑径流时间和径流持续时间是必要的。当综合排水管道溢出（CSO）有问题时，最有效的解决办法是简单地阻止污水排放到下水道。这些都是活性屋顶带来的好处。

然而，虽然活性屋顶是一个活跃的雨水性能研究领域，重点主要是在于描述滞留，而不是量化有助于阻留的过程。即使在绿色基础设施被接受或鼓励的地方，更新监管认可的雨水设计协议和计算工具往往会被滞后。在许可当局只要求大型暴雨被阻留的情况下，设计者可能会觉得为活性屋顶的安装提出了一个令人信服的说法过于复杂。本书提供了定量方法，以解决其中的一些挑战，但承认活性屋顶水文学背后的科学理解，以及预测工具的开发还处于早期阶段。

2.4 活性屋顶如何"起作用"来控制雨水径流？

活性屋顶在城市雨水管理中的主要作用是防止屋顶产生径流。活性屋顶重新引入了一些因为不透水表面而丢失的自然"海绵"。在水文循环方面，活性屋顶为随后的蒸散储存降水。就典型的雨水管理目标而言，活性屋顶提供保留和滞留，并有效地增加集中时间，延迟径流峰值和降低径流排放率。这些特征是相关的：降雨蓄留几乎总是同时减少潜在的峰值流量，并延迟其时间。

在单独的活性屋顶的规模上，当降雨开始时，拦截了少量撞击树叶的雨水。在非常小的降雨事件期间（例如，小于几毫米），所有降雨都可能被截获（Berretta et al.，2014）。随着雨的继续，水渗透进入并开始润湿生长介质。理论上，在生长介质的田间容量被填满之前，不应该有大量的水开始从活性屋顶排出。根据土壤科学家和岩土工程师的说法，田间容量测量在重力排水的情况下，介质可以储存的水量（图2.2）。在小型降雨事件期间，产生的径流可以忽略不计（如果有的话），生物屋顶捕获的大部分降水最终会在降雨停止后以蒸散的形式缓慢地返回大气层。对于较大的暴雨（理论上），超过田地容量的降雨沿着通过生长介质的孔隙空间（以）曲折的流动路径，最终通过排水层排出，来到屋顶的排水沟和落水管。

活性屋顶提供阈值最小储水容量，并且排放任何大于该阈值的输入水量，这样的假设为复杂、动态的水力系统提供了一个静态解释。人们认为，活性屋顶的蓄水和滞留机制会根据气候和降雨模式（例如特定事件的强度和事件频率）、植物活力和根系发育状况、屋顶坡度和生长介质组成而变化。由于生长介质的异质性，有可能会在低于田间容量的水分含量下开始产生径流（Stovin et al.，2013）。世界各地的研究人员目前正在研究这些现象，但尚未确定可以用于量化这些重要影响的通用规则或模型。

对于任何给定的降雨事件，活性屋顶保留降雨的能力取决于可用的蓄水能力。也就是说，与其潜在的总储水量相比，牛长介质有多干燥？可用存储容量主要取决于蒸散速率、自上次下雨以来经过的时间、大气和植物状况以及介质本身的持水特性。反过来，蒸散受到水的可用性（参见第2.6节），以及植物接触到储存水分的难易程度的影响。农艺师和园艺师将植物可利用水（PAW）定义为田间生产能力和永久萎蔫点之间，在生长介质中储存的水分量（图2.2）。一些水分保留在萎蔫点以下的土壤中，这种吸湿的水与土壤颗粒紧密结合。它不能被植物根系提取，因此不能用于蒸腾作用。

无论日常变化背后的细微差别如何，径流的净体积主要通过在生长介质的孔隙空间内捕获的降雨来减少的。生长介质的储水能力是有限的，但却是促进雨水滞留和维持植物生命的最关键特征（Fassman & Simcock，2012）。它源于介质本身的特征及其安装深度，并受下面的排水层（或其缺乏）的影响。在某种程度上储水能力是可以通过设计来操纵或"改造"的；第四章对此进行了讨论。对于大多数活性屋顶，生长介质的储水能力低于饱和度，后者条件是一个技术定义，即所有孔隙空间都被水占据（图2.2），因此也可以定义为介质的

饱和度
所有的孔隙都充满了水。专为集约的活性屋顶而
设计，工程介质应自由排水，以使其永不饱和。

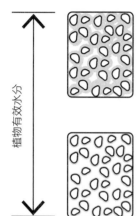

土壤含水量
孔隙中充满空气和水。在中小孔水分附着在介质
中保持，大孔中充满空气。

永久萎蔫点
孔隙中主要是空气填充的，但一些水紧紧地附着
在介质颗粒上。低于这个点的水分含量（"湿存
水"）不能被植物轻易地用于蒸腾，并且只能非常
缓慢地"消失"到大气中。

植物有效水分

图 2.2
土壤湿度状态

孔隙率。由于对结构负荷、表面侵蚀和植物根部淹没的影响，活性屋顶生长介
质的设计应使其不能在物理上达到饱和。

　　构成排水层的材料，可能会也可能不会影响径流滞留。英国的实验室测试
显示，几种类型的合成排水层的径流模式，类似于模拟裸露屋顶平台上的径流
模式（Vesuviano & Stovin，2013）。人们发现通过生长介质的垂直流动主导了
活性屋顶对径流滞留的影响（Bengtsson，2005；Vesuviano et al.，2014）。另
一方面，粒状（集料）排水层可以增强峰值流量控制，因为径流必须流过多孔
介质以到达沟槽。研究尚未证明这是否会导致整个系统在滞留方面产生有意义
的差异，从而为设计选择提供建议。

　　一个常见的水文假设认为，水的行进距离越长，达到峰值流速的时间越
长，峰值流量的幅度也可能越小。活性屋顶的排水路径相对于排水沟和落水管
位置的摆放，是否影响峰值流量衰减或径流时间，仅在有限程度上进行了研
究。对于遭受相同暴雨事件影响的活性屋顶，相对于径流路线到排水沟的水平
距离仅为 1 米的活性屋顶，一项实地研究在径流通过排水层流过了几米的活性
屋顶上，测量到了较低峰值流量。另一方面，英国对合成排水层的实验室研究
发现，径流时间的延迟与通往排水沟的距离无关（Vesuviano & Stovin，2013），
瑞典的实地研究得出结论，长度不影响径流时间分布（Bengtsson，2005）。

　　由于活性屋顶通常仅捕获直接落在其表面上的降水，因此系统可以减少场
地总径流的程度，取决于活性屋顶相对于总场地面积的规模。通过批量生产线

的开发，如在中心商业区或市中心，活性屋顶可以完全消除小型暴雨事件的场地径流，并减轻所有事件的综合下水道压力。随着整个城市核心的活性屋顶覆盖范围的增加，对下水道的积极影响也是越来越明显。如果建筑物只是场地开发的一个要素，那么活性屋顶的存在，应该可以减少满足整个场地雨水需求所需的地面雨水控制措施的占地面积。

2.5　雨水性能预期

记录活性屋顶雨水控制性能的研究正在迅速增长，自 2010 年以来出版率大幅提高。活性屋顶研究中最受欢迎的主题似乎是（按顺序）热效应、径流质量和水文学（Li，Babcock，2014）。盖特和罗威（Getter，Rowe，2006）开始对有关雨水性能的研究出版物进行有用的评论和整理。贝恩特松（Berndtsson，2010）提出了对排放水质的可能影响，而李和巴布科克（Li，Babcock，2014）更新了对活性屋顶水文学的理解。宾夕法尼亚州立大学（Berghage et al.，2007）和佐治亚大学（Carter and Rasmussen，2006）等经常被引用的实验研究，使得雨水环境中的活性屋顶研究在美国获得了更多的关注和动力。由于这些研究量化了保留和滞留性能，因此更多的注意力集中在理解驱动水文过程的科学以及综合描述活性屋顶系统的水质。

以经验为依据的性能测量，是通过实地研究和规模实验室实验而获得的。实地研究量化了活性屋顶对降雨的"真实"响应，但屋顶设计和降雨模式的变化使得将经验结果转换到另一个地点或活性屋顶的过程变得复杂。实地研究通常需要密集的资源，因此独立研究里用来评估绩效的暴雨或系统通常数量有限。在实验室中，实验者可以更容易地分离出特定因素来量化它们对性能的影响，但结果很少能够用来推断出自然条件的固有变异性。在下一节中，重点放在尽可能多地报告同行评审期刊文章和报告中的现场测量数据。

2.5.1　建筑规模的水文研究

全面和一定规模的广泛活性屋顶的现场监测，显示了其对场地径流量控制的重大贡献；美国、德国、比利时、瑞典和新西兰的研究表明，在长期数据收集期间活性屋顶保留了大约 50%—80% 的降水量。一个值得注意的例外是（一个）纽约市主要由合成保水垫和仅 32 毫米的生长介质组成的系统，其保留率为 36%。解释百分比保留统计数据必须考虑研究的持续时间，或更具体地说，降雨特征，因为计算百分比差异的数学可能会产生偏差。斯图文等（Stovin et al.，2012）评论说，径流被完全保留滞留的频率导致滞留或峰值流量减少的百分比差异统计数据有些没有意义。许多小事件随意地提升统计数据,反之亦然。研究的时间非常重要,因为降雨量和蒸散相对较高或较低的时期,也将反映在单独事件的表现中(第 2.6 节详细讨论了蒸散)。话虽如此,季节性表现变化性的重要性取决于解释。在新西兰的奥克兰,冬季事件雨水滞留率保持在 66%,这在雨水管理方面仍然被认为是有意义的。

一般来说,通常会观察到在小暴雨事件表现优异,在非常大的罕见事件中滞留率降低。高性能可变性在各个事件上常常被看到,大多数研究里个别事件的滞留可能不到 10% 或高达 100%。许多研究确定了一个最小阈值事件,如小于该事件则从未观察到的径流,无论气候条件如何。由于大于 25mm 的暴雨发生频率较低,很少有研究能够充分描述传统设计暴雨强度的性能。英国的一个活性屋顶试验地块保留了 50% 的年降雨量,但对于大于一年的年度复发间隔(ARI)的暴雨,只保留了暴雨降雨量的 30%。结果与奥克兰的四个试验性和全尺寸活性屋顶的性能相对一致,对于大于 25 毫米的暴雨,其平均事件保留效率降低了约 20%—40%(但在场地之间显示出显著差异)。从纽约市的三个全尺寸活性屋顶来看,季节性保留性能和暴雨大小的组合对 10—40 毫米的事件有影响,但对于降雨量较大或较少的事件则无影响。值得注意的是,只有约 5%—10% 的观察事件大于 40 毫米。

与降雨量蓄留一致,已经有大范围的峰值流量减少效率被发现,可能是因为气候变化,暴雨事件当天的不同条件以及研究之间的活性屋顶设计的差异。来自文献报道的个体活性屋顶峰值流量减少范围为 31%—100%。峰值流量应始终得到很好的缓解(即使在大型暴雨期间),因为高滞留能力意味着排放的水更少,并且充分设计的渗透性确保降雨会渗透通过生长介质,减缓其速度,而不是直接流过植被表面。

法斯曼 – 贝克等发现奥克兰四个活性屋顶排出的峰值流量和径流量的频谱低于降雨频谱(图 2.3)。换句话说,来自活性屋顶的径流发生的频率远低于降雨,因此有效地达到了防止屋顶径流产生的目的。包含纽约市和奥克兰多个现场的长期数据集,以及得克萨斯州大学城的测试地块的短期研究以经验为依据证明,降水量是径流滞留的强预测因子。目前尚未发表的来自芝加哥、北卡罗来纳州的多个站点、密歇根州和波特兰(OR)的多个站点的数据都显示出类似的趋势。

密集型活性屋顶的深度增加并不严格对应于雨水控制的增加。滞留性能更具体地取决于生长介质的可用持水能力,由于其组成和深度的组合决定,其次是取决于 ET 和降雨事件的频谱。图 2.1 表明大多数个别事件产生的降雨量相对较少。在奥克兰 28 个月的监测中,396 个事件中有 80% 的降雨量小于 15 毫

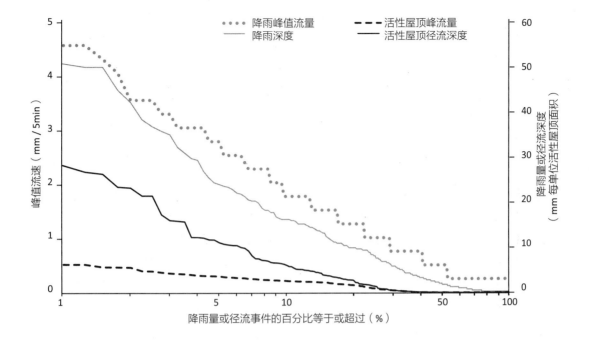

图 2.3
奥克兰活性屋顶的径流量和峰值流频谱，平均生长介质深度为 60 毫米

米，90% 的事件小于 25 毫米。广泛型活性屋顶可以令人满意地保留这些事件的降雨，其中适当设计的生长介质提供超过 11—20 毫米的持水能力。当同时监测时，这些生长介质深度范围为 60—150 毫米活性屋顶四个月累积的保留效率没有统计差异。

从奥克兰的这四个广泛型活性屋顶来看，小于约 10 毫米的暴雨没有产生有意义的径流（超过几毫米）。相比之下，Palla 等人发现，在意大利热那亚，不到 8 毫米的暴雨不能从 200 毫米的密集型活性屋顶产生径流。在这些地点，对于大于 25 毫米的暴雨事件滞留中位数的比较表明，性能没有实质性差异，特别是考虑到变异性时（表 2.1）。最终，在雨水管理方面，密集型活性屋顶带来的初始和长期成本增加是不合理的。

从一个密集型的和四个广泛型的活性屋顶得来经验证据：每个事例保留大风暴的中值（标准差）*

表2.1

降雨量范围（毫米）	% 每个事例中根据介质深度确定的保留值			
	200（密集型）	150（广泛型）	100（广泛型，两处）	~60（广泛型）
25—69	51（36）	48（19）	31（25），58（16）	49
>70	11（8）	39（29）	22（27），32	n/a

* 密集型活性屋顶的性能统计数据与降雨量有关，而广泛型活性屋顶的性能统计数据与传统屋面的径流有关。后一种情况的保留率比降雨量略低。数据来自法斯曼-贝克等人（2013）和帕拉等人（2011）。

装配设计特征，例如保水细胞或织物的存在／不存在，灌溉效果和屋顶坡度的研究最少，且研究结果不一致。直观地说，较陡的斜坡应能提供更快的排水和更少的滞留。倾斜活性屋顶的定性观察表明，与屋檐相比，屋脊附近的水保留较少，这对植物健康有着明显影响。任何单个因素自己可能不会对雨水减缓产生影响，但例如，坡度和介质深度或成分这样的组合可能会很重要。其他组装影响可能包括施工期间的质量控制以及介质物理和化学成分的长期变化。迄今为止，只有一项研究将模块化托盘系统的并发监测与内置组件进行了比较（Carson et al.，2013）。与内置系统相比，研究人员假设模块化托盘系统的收缩排水设计通过限制通过生长介质的优先流路的影响来增强滞留性能。这些可变因素是否对装配雨水性能具有有意义或可预测的影响尚未得出结论。

总的来说，保留和滞留性能被报告为与输入降雨量或同时监测的传统屋顶表面的百分比差异，提供了有价值的证据，鼓励有利于活性屋顶安装的规划层面决策。然而，这些指标在开发严格的雨水管理装配设计方法方面不太有用。研究人员现在正在更深入地研究保留和滞留的机制。首先，了解特定生长介质成分及其相关孔隙和粒度分布的影响应该有助于操纵保留和滞留性能。

2.5.2　水质量

活性屋顶排放（径流）质量的基本特征甚至比其水文学还不清晰。活性屋顶排水水质的实证研究难以在一致的基础上来比较和巩固。用于收集数据的方法不同，数据分析和表达也是如此。对于较小的、频繁发生的暴雨而言，其（通常）杰出的水文性能对水质研究人员提出了巨大挑战，这些研究人员通常受限于有限的资金持续时间；很少有事件能够产生足够的排放物以收集样品或足够的样品以满足水质的分析要求。实际上，迄今为止的学术文献报告的实地研究，通常采样 3—10 个暴雨事件，其中大多数不幸在降雨范围的下限，而上限被认为是大多数雨水控制措施的合理监测规划。

与大多数地面雨水控制措施不同，活性屋顶通常只"处理"直接落在其表面上的雨，这引出了关于适当的比较或评估点的问题。雨水质量特征描述的指标可能包括与输入的降雨量或传统屋顶表面的径流进行比较，或者仅仅考虑径流的水质。除非评估的意图是作为饮用水源，否则与饮用水质量标准的比较是不合适的。一般而言，雨水排放的数值水质限制非常罕见；但人们越来越有兴趣了解雨水控制措施排放与河流质量或水生或人类健康影响的阈值的比较。评估雨水控制措施处理潜力通常是与未处理的径流相比较和评判处理后的排放质量的一致性。对于活性屋顶，如果假设建筑物将在给定地点建造，无论有没有潜在的活性屋顶，则将其与传统屋顶表面的排放水质相比可能是目前最有价值的度量。

屋顶径流水质变化很大，无论是来自传统的屋顶表面，还是活性屋顶。监测的最常见的雨水污染物是环境部门通常表达的问题：

• 总悬浮固体（TSS）：TSS 是分析方法定义的颗粒污染物的量度，没有特定的成分。TSS 被认为在城市径流中无处不在；在雨水质量法规到位的情况下，几乎普遍需要对其进行控制。就其本身而言，可能会有许多对接收环境和基础设施的影响。

• 包括氮和磷等营养素：营养素可导致富营养化，以及其他对接受水域的影响。生长介质中的有机物质和过量肥料是活性屋顶径流中主要的营养来源。植物和大气沉降也可能导致屋顶的养分排放。特定形式的营养物（例如，硝酸盐、硝酸盐、氨－氮或磷酸盐－磷）引起独特的接收水问题。

• 包括锌和铜在内的重金属：重金属在低浓度下也对水生生物有毒。在屋顶环境中，最可能的重金属来源是建筑材料（例如排水功能、防雨板、边缘、机械服务等）和装饰（例如包层）、杀菌剂、除草剂或杀虫剂（也可能存在有机材料中）。更普遍地说，锌和铜是城市径流中普遍存在的，来自于车辆轮胎和制动器磨损以及建筑材料的重金属。

评估活性屋顶排水的水质是否值得关注取决于是否考虑污染物的浓度或总质量。污染物的总质量或负荷是浓度和径流量的乘积。对于相同的总污染物质量，低径流量将对应较高浓度，相对于高径流量和较低浓度。雨水污染物总质量的慢性累积排放通常是监管的重点，但水生生物对流内浓度有反应。

在生物屋顶文献中，大多数报告总悬浮固体（TSS）浓度的研究表明，与良好的河流水质相比，生活和常规屋顶都没有排出提高的浓度，系统之间也没有显著差异。Carpenter & Kaluvakolanu 发现，总固体（非 TSS）浓度从最高到最低为活性屋顶径流，砾石压载屋顶和传统沥青屋顶，且降雨事件的大小与释放的 TSS 质量之间存在直接关系。Wanielista 等没有发现活性屋顶中 TSS 的任何重大趋势。

对于氮浓度，与降雨浓度相比，活性屋顶在某些情况下已被证明可吸收投入的氮含量，而其他却发现活性屋顶径流与降雨量相比具有更高的氮浓度。除了奥克兰、巴黎和新加坡的活性屋顶，与传统的屋顶径流相比，密歇根州、北卡罗来纳州、佛罗里达州、宾夕法尼亚州、曼彻斯特（英格兰）和爱沙尼亚的活性屋顶要么吸收氮，要么至少不会排放更多。

磷监测研究在很大程度上得出结论，与降雨或传统的屋顶径流相比，活性屋顶是磷的来源。值得注意的例外是 Carpenter & Kaluvakolanu，他们发现活性屋顶径流中的磷酸盐浓度低于传统沥青和砂砾压载屋顶，尽管这没有统计学意义。通常发现的是，在所呈现的任何比较中，磷浓度显著提高。

重金属，即锌和铜，似乎没有被监测这些参数的活性屋顶排放出有一定担忧的浓度下排放。在每项研究中，研究人员假设建筑材料（如防雨板和覆层）中锌或铜的存在可能是径流中金属的来源，而不是活性屋顶本身（尽管在奥克兰的案例存在着对来自生长介质的贡献的怀疑）。同样，在径流中存在化合物并不意味着一个接收环境问题，这似乎是活性屋顶排放中锌和铜的情况，鉴于迄今为止少量的证据。

基质组成、施肥方法、屋顶年龄和植被的存在与否一直被认为是影响径流水质的参数，但其具体影响尚未经常地测量。根据农业经验法则假设了以防止营养物浸出的生长介质理化性质指标，但需要更多的数据来测试其适用性。此外，对于每项研究，灰尘和大气气溶胶干沉降的空间差异（通常根据当地分区，例如工业、住宅或商业，或根据交通强度等外部影响），补充灌溉和气候。干旱因素可能导致径流质量差异。即使在相同的研究中，由于不同径流事件的相反或不确定结果，导致难以解释水质的结果。相对较短的持续时间研究（以及因此有限的取样）使得难以可靠地去描述活性屋顶排放的水质，或评估系统建立或老化的影响。

活性屋顶的水质，需要进行大量额外的研究。从免费提供的国际最佳管理实践网站（www.bmpdatabase.org）可以找到有关雨水质量监测活动的优秀建议。该网站还提供了雨水控制措施水质性能的统计摘要，以及（美国）国家雨水质量数据库，该数据库可能是根据土地使用情况合并的最大和最新的未经处理的径流水质数据库。

尽管如此，可以建议将活性屋顶水质的一些总体趋势作为起点，但肯定需要进行大量的额外研究。氮气似乎不是一个普遍的问题，尽管与传统的屋顶径流相比，"改善"是微小的。磷在对磷敏感的接收环境中可能存在问题，即使显著的滞留也不可能抵消排出的磷的总质量，因为磷的浓度非常高。在这种情况下，活性屋顶径流应通过能够减少磷的，在同一水平面的雨水控制措施，例如生物滞留，或收集再利用。具有内部储水区的生物滞留也将增加氮的改善。在重金属的情况下，重要的长期水文控制意味着用活性屋顶覆盖，替换或替代金属屋顶可能会减少现场的长期质量负荷。

活性屋顶水质的不确定性很高，并且很大程度上对于装配的影响是不了解的装配影响。如果假设建筑物将被建造无论活性屋顶是否存在，那么相关的问题则是与传统屋顶表面相比，活性屋顶的排水是否具有相当或更好的质量，并指出传统屋顶表面通常不会提供任何水质改善，且会产生大量的径流。在综合排水管道溢出（CSO）的地区，通过活性屋顶安装可以改善潜在的接收水质，因为它们将简单地通过防止）屋顶径流进入合并下水道来减少综合排水管道溢出排放的频率和体积。最终，就雨水影响而言，活性屋顶应主要被视为一个在污染物质量减少方面具有一些相关优势的径流量和峰值流量减少工具，而不是作为特定的水质控制工具。

2.6 蒸散作用

蒸散在活性屋顶的日常功能中发挥着重要作用。蒸散包括直接从生长介质的蒸发和植物蒸腾。这是一个活性屋顶"清空"储存水（保留降雨量）的过程，从而使系统能够捕获下一次降雨事件。从长远来看，日常蒸散的相对变化可能不会对年度绩效指标产生重大影响（Di Giovanni et al.，2013；Stovin et al.，2013；Voyde，2011）。另一方面，蒸散将影响活性屋顶系统在连续暴雨事件时可以保留或部分保留的程度，以及植物群落的整体外观和健康状况。

在任何给定时刻蒸散的速率取决于植物的新陈代谢（通常在物种之间不同）、空气和生长介质温度、相对湿度、太阳辐射、风速和水可用性。在这些因素中，水的可用性（特别是储存在生长介质中的水量）对活性屋顶蒸散具有最显著的影响。一些测量活性屋顶蒸散的研究表明，当生长介质最潮湿时，它是最高的。在几个实验室实验中，从充分浇水条件开始，随着系统干燥（图 2.4），蒸散的速率呈指数下降直至与未种植的生长介质的蒸发速率相似，而田间试验证实了自然暴雨事件之间的总体下降趋势。

图 2.4
植物随着储存在生长培养基中的水量减少而指数下降（基于实验室实验的数据，以健康的膨化植物为出发点；适应于 AFOA 的图）

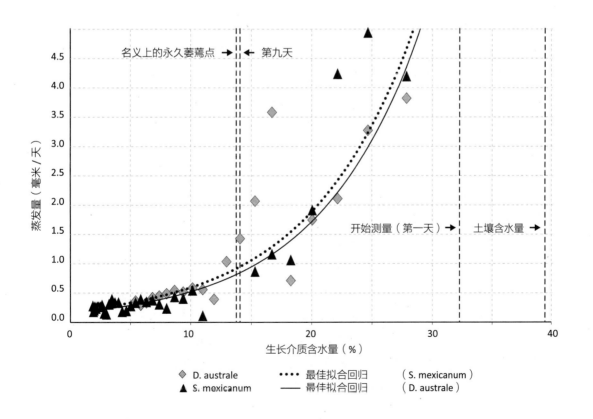

在活性屋顶实验中，已经证明几种多肉植物（景天属植物是多种多肉植物）可以在水分含量低于标称永久萎点时蒸腾。水分来自植物茎和叶中储存的水（多肉植物的一个明显特征），使多肉植物可以在延长的干旱期间生存（Voyde et al.，2010）。与日常雨水管理相比，这种额外的蓄水潜力在植物恢复力和结构负荷方面更为重要。

总之，研究证实蒸腾作用是整体蒸散的重要组成部分；当有水分可用，气候条件有利时（即低相对湿度和足够的太阳辐射），来自种植系统的蒸散超过未种植生长介质的蒸发。在非常干燥的时期，蒸散以与裸露表面蒸发相似的速率发生。

在较短的时间尺度（即每小时测量）上研究蒸散的研究表明，蒸散可能受到环境条件在一天中发生变化的影响（Rezaei，2005；Starry，2013；Voyde et al.，2010；Yio et al.，2013）。这意味着如果在降雨爆发之间太阳出来几个小时，并且其他环境条件不是压迫性的（相对湿度可能是蒸散的重要抑制剂），则可以在相对短的时间尺度上恢复一些少量的存储容量。然而，在暴雨事件期间，每小时蒸散的实际大小通常比典型的降雨量小很多（Stovin et al.，2013）。

大多数研究都认为多肉类型的植物可以随着水变得有限和（或）植物受到压力来调节它们的新陈代谢，以保存水以备将来使用。这是许多多肉物种的主要适应之一，使它们通常很好地适应干旱的活性屋顶环境。在某些情况下，这种行为意味着景天酸代谢，其中植物在夜间吸收二氧化碳，在白天在代谢它的同时将气孔关闭，从而减少植物水分流失。与之相反的被称为 C3 光合作用，其中植物在白天用开放的气孔吸收二氧化碳，从而使植物更容易受到蒸腾水损失 [由于来自太阳光的更高能量（辐射）]。一些景天属植物专门使用景天酸代谢；有些人完全不用，而其他物种则有能力在景天酸代谢和 C3 之间转换（Berghage et al.，2007；Starry et al.，2014；Voyde，2011）。Starry 等人详细探讨了在景天属物种中促成景天酸代谢的因素，并回顾了活性屋顶背景下的植物代谢文献。从雨水工程的角度来看，量化蒸散随着水变得限制而降低的速率比遵守特定的代谢途径更重要。

活性屋顶蒸散的每日测量值在对景天种植的广泛活性屋顶组件的研究中有所不同。Voyde 在奥克兰的实验室和现场条件下测量了在水容易获得的天数里，最大蒸散值为 1.5—5.4 毫米 / 天，而在具有水限制条件的天数里导致 0—0.7 毫米 / 天。在为期一年的纽约现场监测过程中，DiGiovanni 等人（2013年）报告平均每日蒸散从冬季的大约 0.5 毫米 / 天到 6 月份的最大值约为 3.5 毫米 / 天。在英国谢菲尔德，Berretta 等人确定了 5 月和 7 月干燥期间，当生长介质的初始含水量很高（即水的可用性很好）时，平均水分流失率约为

1.5—1.8 毫米 / 天，而初始含水量低的在 3 月、4 月和 7 月，平均水分流失率为 0.1—0.8 毫米 / 天。重要的是要认识到干旱期报告的平均蒸散率取决于干旱期的持续时间；较长的事件间隙时间允许更多的干燥，但实际的蒸散（ET）率将在该期间结束时较低，从而导致总体较低的平均指标。相反，较短的事件间隙时间会产生较高的平均速率，因为在此期间可用的水相对较多。

这里提到的每个现场研究还研究了常见蒸散模型（方程）对预测现场测量的活性屋顶蒸散的适用性。蒸散很少（如果有的话）在城市环境中被直接测量，而是根据农业科学为农作物生产开发的一种或多种众所周知的"潜在"蒸散模型计算得出。潜在蒸散是指如果水资源充足，例如在灌溉作物的情况下，理论上可能发生的蒸散量，而实际蒸散指的是在现有条件下水损失的速率。蒸散是一个微观过程，因此活性屋顶附近的气候条件很重要，特别是相对湿度，太阳辐射和风速。DiGiovanni 等人特别指出，来自区域气象站的潜在蒸散数据未能捕获实际的每日蒸散动态（可能是由于活性屋顶的微气候与几公里外气象站的微气候不同）。同样，Voyde 得出结论，即使使用特定地点的气候测量，11 个评估模型中也没有一个能够提供令人满意的实际日常蒸散预测。即使在指出水限制条件时期的研究中，农业蒸散模型高估了实际蒸散。另一方面，这些相同的研究，以及 Wadzuk 等人都表明，当考虑水限制条件的时期时，Penman-Monteith 方程的变化形式为长期估计提供了非常好的预测能力。

在农业中，蒸散模型的典型应用包括作物系数，以调整物种的特定用水率。现在已经为使用 C3 光合作用的植物推导和验证了农业蒸散模型，因此它们是否能够反映活性屋顶植物代谢的动态是值得怀疑的。Berretta 等和 Rezaei 得出，通过特定地点的气候测量，可以使用某些活性屋顶组件的作物系数来校准某些模型，而 Voyde 则没有。Wadzuk 等观察到常见蒸散模型对于复制现场测量的不足是由于遗漏了生长介质水分条件的影响。而不是作物系数，Stovin 等确定赵等人提出的土壤水分提取函数（SMEF）。可以合理地匹配 Berghage 等和 Voyde 等人所报道的活性屋顶蒸散实验数据。通过 SMEF，可用的生长介质水分与最大持水量（田间持水量）的比率调整了常规农业模型的蒸散模型估计，与蒸散随着水变得有限而蒸散减少的观察结果一致。当应用于连续模拟时，整体水平衡模型为预测暴雨事件和长期雨水保留提供了良好的结果。

总而言之，活性屋顶蒸散的适当量化问题尚未得到解决。当然，物种和气候条件之间的差异是需要考虑的因素，但在工程环境中，似乎最有影响力的参数是在任何给定时间生长介质的水分，然后是有利的气候条件。在这方面需要进行大量的额外研究，但赵等人于 2013 年提出的，由 Stovin 等人校准的模型为雨水工程应用提出了一种很有前景的方法。

2.7 水文模型

在评估同一系统的众多潜在方案时，模型是最有效的工具。然而，模型也只是自然过程的基本数学表现形式。换句话说，数学公式会根据每一分钟或者每一小时的降雨量或径流数据预测出雨水控制措施，将其转化为排水量的流量以及速度。一些模型还可以预测雨水控制措施水平衡中不同分区水的分布。

在模型公式中更详细的细节并不一定等同于一个更准确的结果。一般的科学建议是，模型的好坏来自于它们的基本假设和新应用的数据质量。与其他模型相比，我们认为根据所观测的实地或实验室数据进行校准和验证的模型能够提供最可靠的结果。在工程规划应用中，能给出合理结果（例如观察数据的成功再现）的最简易的模型通常被认为是"最优"的。

下一个部分的讨论侧重于在活性屋顶应用方面已经显现出一些推广潜力的模型，重点是那些通过校准验证现场数据的模型。但它没有审查已经发布的所有模型。

2.7.1 活性屋顶的水平衡

$$Q_R = P + I + R - ET - \Delta S$$

在流域尺度上描述的水量平衡（第 2.1 节）也可应用于场地尺度。水量平衡，或是水文预算，使用水量储存来平衡水的输入和输出，从而定义系统中所有水源和通量。从理论上讲，水文预算是活性屋顶系统中最完善的水分布计算。大多数时候，活性屋顶的水输入仅仅来自降水，但也可能包括灌溉或来自其他非绿色屋顶区域的径流。输入的水或是储存在介质中并蒸腾，或是变成径流。整理各项并计算来自活性屋顶的径流时，水平衡遵循这样的形式：

$$Q_R = P + I + R - ET - \Delta S$$

其中 Q_R＝活性屋顶径流，P＝降水，I＝灌溉，R＝来自非绿化屋顶区域或建筑物外墙的径流，ΔS＝水量变化，ET＝潜在蒸散量。根据水文学中的常见做法，每个术语用深度来表示，其被解释为活性屋顶的每个单位面积上的积水的深度（用于降水）或（流出的水深度）。换句话说，径流（或任何其他术语）的总体积是通过将径流深度，QR（毫米或英寸）（或适当的术语）乘以屋顶面积（例如平方米或平方英尺）与适当的单位转换得到的。

使用水平衡来预测径流适用于连续模拟，但也可以简化为设计暴雨方法。在雨水控制设计中，历史记录被假定为未来降水的准确预测因子，这些数据通常能够在公共记录中找到，并且可以在线获取。灌溉量（如果可应用）必须受到控制，目的是使其不超过存储容量。存储容量代表在任何时间内降雨滞留

（体积控制）的潜力。对于活性屋顶，存储量通常被估计为最大储水容量（例如植物可用水分）和实际占用的储存量（即初始湿度条件）之间的差异。

降雨过程中的蒸散是恢复储存能力的过程，因此在活性屋顶雨水滞留效率方面发挥着不可或缺的作用。量化蒸散量仍然是应用方程 2.1 预测活性屋顶径流的最重要的难点。正如第 2.6 节所述，植物物种、气候条件和水资源的可用性都是活性屋顶中蒸散量差异化的因素。气候数据在网上比较容易获得，并且通常包括蒸散量数据。这些蒸散量数据应谨慎地应用到活性屋顶中，因为计算可能并没有适当考虑活性屋顶生长环境、活性屋顶植物的代谢适应，或预期径流模拟的时间尺度。正如第 2.6 节所讨论的，活性屋顶的蒸散量是近年来重要的学术研究课题。

2.7.2　实现水平衡

工程师们经常使用水平衡的一些模型来模拟雨水控制，使用"碗"的概念：装满后缓慢排水，或在容量超过时溢出。在活性屋顶的应用中，一些已发表的模型将"碗"描述为生长介质，其持水能力可以通过水分储存（或田间持水量）的实验测试来测量。当雨水超过"碗"的容量时，多余的水会渗透到生长介质中，从而变成排水层的径流并流到屋顶的落水管。最小介质含水率（由于重力引流或暴雨过程中的蒸发）通常被设定为介质名义上的永久萎蔫点。

虽然相对简单的水平衡忽略了经过活性屋顶时水流动的物理过程，但通过对英国活性屋顶试验场地为期一年的观测，成功地证明了简单水平衡模型对于长期（或）基于事件的滞留的模拟能力。在该模型中，以小时为时间单位来计算系统的水平衡，将生长介质视为单个模型元素，唯一需要校准的参数是介质的最大持水量，被设定为 20 毫米。活性屋顶特定的蒸散量模型也被纳入，并且包括土壤水分提取函数（SMEF），以减少和潜在蒸散量相比之下的实际蒸散量，因为存储在介质中的水分在干旱天气期间会逐渐耗尽。

2010 年，俄勒冈州波特兰和奥克兰的活性屋顶项目，分别对一个计算量更大、但未必更精确的模型进行了校准和验证。多达十个参数需要作为输入参数或是被确定为奥克兰试验场的校准参数。水分储存的上限和下限值被假定为与上述类似，蒸散量假定在干燥期间呈指数减少。一种 Green-Ampt 渗透模型的改进形式被用来预测介质中向着排水层前进的水分运动速率。在降雨过程中，传统的 Green-Ampt 渗透模型假设在靠近介质轮廓顶部的潮湿生长部分和较深层面里较干燥的介质之间，存在一个明显的水平边界（"湿润锋"）。

假定饱和环境在湿润界面上方，而在其下方，介质处于由先行条件（事件之间过程中的蒸散量）确定的水分含量中。设置田间持水量的水分储存为上限会改变该模型中的 Green-Ampt 渗透方法，以保证系统可以在未达到饱和时也发生径流——尽管有背该方法的理论基础假设。下雨时，根据介质的物理特性，湿润锋垂直向下向排水层前进。美国环保局 5.1 版本的雨洪管理模型（SWMM）在关于活性屋顶的程序中也嵌入了 Green-Ampt 渗透模型，该模型能够自动将活性屋顶融入更广泛的流域开发模拟中，但其目前的表述尚未在学术文献中进行测试。5.1 版本的雨洪管理模型（SWMM 5.1）将在第 3.5 节中进一步讨论。

在实践中，活性屋顶只能在不饱和的流动条件下运行，因为在提供与降雨强度相比非常高的渗透率的同时（4.1 节提到），生长介质的粗糙质地和较大孔径会从物理层面阻止饱和。不饱和流动的速率始终低于饱和流速，但实际流量取决于含水量，因此会给问题增加另一层复杂性。多孔介质中未饱和到饱和流动的条件可用理查德方程计算描述，但这对计算要求非常高。理查德方程可用于一维、二维或三维软件中基于事件的模拟，如 HYDRUS 软件和 SWMS_2D 软件。希尔顿等人于 2008 年成功地校准了 HYDRUS 1-D 软件对美国佐治亚州 37 平方米活性屋顶的径流量的模拟。

作者指出，其局限性在于缺乏大于 50 毫米的暴雨数据，以及缺乏对生长介质组成的描述。帕拉（Palla）等人在 2012 年总结了 HYDRUS 1-D 软件在意大利热那亚一个 350 平方米、200 毫米深的活性屋顶中，对于若干降雨事件滞留，峰值流量和总体水文形态的重现是成功的。对于同一个活性屋顶，SWMS-2D 软件则适合于再现生长介质含水率，以及径流水文图形状、体积和时间。

在 Green-Ampt 方法和理查德方程的应用中所隐含的观点是，通过活性屋顶生长介质的水分运动与通过自然土壤时的流动相类似。后者已被广泛研究，但前者才刚开始试验性的探索。工程活性屋顶（和生物截留）介质的物理和水力特性与天然土壤的不同。例如，与土壤相比，活性屋顶介质通常具有较粗的颗粒（和粒径分布）、较高孔隙率和较高的饱和导水率（Ks）。因此，将为自然土壤开发的模型用在工程介质系统上时必须谨慎对待，因为某些参数值可能不合适，或者一些根本的模型假设是无效的。

2.7.3　阻留模型

大多数模型和实验研究都集中在活性屋顶系统的蓄留能力上。事实上，正如第 2.4 和 2.5 节所讨论的那样，径流蓄留（总排放量的减少）总是能够实现阻留（减少峰值流量），因为从物理角度上讲，从系统排出的水量较少。然而，重要的许可目标围绕着阻留表现。斯图文（Stovin）等 2013 年从实践中观察到，由于生长介质中的异质性（包括组成、根部发育、压实等），径流可能在达到田间持水量之前就开始产生。如 2.7.1 和 2.7.2 节所述，这将导致关于蓄留性能的水平衡方法中对流率和流量定时（即滞留）模型化的差异。

径流水平衡模型可能考虑也可能不考虑生长介质的滞留效应，这取决于模型结构，从而可以预测活屋顶排放的峰值流量。She 和 Pang 2010 年测试了改良的 Green-Ampt 模型，验证了在模型校准的两个场地模拟峰值流量和测量峰值流量的良好一致性，希尔顿等人对 HYDRUS 1-D 模型也进行了相同验证。卡思敏（Kasmin）等人年引入了维苏维亚诺（Vesuviano）等人在 2014 年改进的单一存储路由模型，从而隔离生长介质和合成排水层的阻留影响。活性屋顶组件模型的改进，是由测量生长介质层滞留量的实验和排水层特定的模型来支撑的。

最后，目前大多可用的独立合成排水层产生的流动阻力很小，这也是它们的设计意图。融入合成模块托盘中的排水层不属于同一类别。在设计自由水流的情况下，是否需要在活性屋顶模型中分开包含一个独立合成排水层是存疑的。

2.8　讨论

纪录年度、季节性或其他较长时间的表现，并将其与降雨量或传统屋顶径流量相比较（例如百分比变化的报告）的研究，对于提供流域管理的宏观规模预测非常有用，并且提供了重要的证据证明了活性屋顶对有效的雨水管理是有价值的。相比之下，雨水设计的技术要求和目标通常需要预测能力，以在有限的气候条件下达到指定的排放水平。不幸的是，在没有更多调查研究可以将运转条件与表现相联系的情况下，百分比变化测量或是捕获数据效率（对雨洪设计人员的用途可能是有限的）。

通常情况下，监管机构需要把控雨水控制措施的水文水力设计，将洪峰流量（流出）速率或流量限制在开发前的程度，或与其类似的其他形态。确定雨水控制措施环境影响的起点是计算并量化开发前和开发后的流量数据。代表水文和水力过程的数学模型，可以用来量化雨水控制措施的影响，并且可以证明其符合监管要求。第 3.8 节讨论了目前在雨水管理和排水设计中最常用的计算和建模方法。

迄今为止，一些模型已经成功地被现场数据所校准和验证了，它们对于计算输入要求的水平显著不同。选择合适的模型取决于需要考虑的问题。如果关注点只是屋顶径流，那么只有在数据足够情况下，活性屋顶特定的过程模型才是有帮助的。如果活性屋顶只是处理方式中的一部分，或者是整个场地里多个雨水控制措施的一个组成部分，那么过程模型与场地雨水模型的兼容性可能会存在问题，因此对于普及使用而言是不恰当的。

同样，时间和规模的问题也是相关的。为了实践的效率和准确性，应始终选择适合所需详细程度或可用数据（无论是来自特定地点还是来自文献）的最简单模型。例如，与需要确定每个雨水控制措施的实际规模及其安装措施相比，全市范围内的概念性规划策略所需的详细信息就要少得多。在后一种情况下，简单假设每个事件的净阻留量或滞留量可能是足够的（假设有合理考虑每个事件的可变性）。而在前者中，基于流程的模型可能是更好的选择，取决于与本地相关（或可比较）的数据的可用性和可靠性。

由于每个活性屋顶都将生长介质特性、植物和根系结构创造成为一个独特的联合体，一个活性屋顶的特定模型可能无法直接照搬到另一个活性屋顶中。同时，在一般的雨水设计目标的背景下，系统和系统之间的差异可能不会导致显著的性能差异。只有通过对大量活性屋顶的开发和测试，才能了解设计变量的影响，从而将活性屋顶模型投入到普遍应用之中。

注释

1 Various terminology is found to refer to a collective suite of technologies to mitigate runoff impacts. In the United States, the term "SCM" is currently promoted by the Water Environment Federation and American Society of Civil Engineers/Environmental and Water Resources Institute (2012) in lieu of the historic term "best management practice" (BMP). In the UK, "sustainable urban drainage systems" (SUDS) prevails, while "stormwater devices" are employed in New Zealand.

2 The term "retention pond" may provide some confusion in this context. A "retentionpond" refers to a basin with a permanent pool of water, as opposed to a detention basin which is dry between storm events. In either case, there is usually no significant mechanism designed to reduce runoff volume, as both act as a bowl that fills and drains during a storm event. In a retention pond, some evaporation may occur between storm events, but the quantity is generally insignificant compared to the total amount of storm flow.

3 The calculation of an ARI reflects the probability of a rainfall depth's occurrence (or it being exceeded) in any given year. For example, a two- year ARI has a one in two, or 50 percent, chance of occurring in any given year. The spectral frequency analysis (percentile calculations) reflects an ordered ranking of rainfall depths. The calculations provide different platforms for analysis and interpretation of long- term historical rainfall data. 4 A historical perspective on the evolution of typical stormwater management objectives is found in Chapter 2 of Fassman-Beck *et al.* (2013).

参考文献

- Afoa, E. (2014). Environmental engineer, Morphum, email communication.
- Aitkenhead-Peterson, J., Dvorak, B., Volder, A. and Stanley, N. (2010). Chemistry of Growth Medium and Leachate from Green Roof Systems in South-Central Texas. *Urban Ecosystems*, 14: 17–33.
- Bengtsson, L. (2005). Peak Flows from a Thin Sedum-Moss Roof. *Nordic Hydrology*, 36 (3): 269–280.
- Berghage, R., Jarrett, A., Beattie, D., Kelley, K., Husain, S., Rezaei, F., Long, B., Negassi, A., Cameron, R. and Hunt, W. (2007). Quantifying Evaporation and Transpirational Water Losses from Green Roofs and Green Roof Media Capacity for Neutralising Acid Rain. National Decentralised Water Resources Capacity Development Project. Pennsylvania State University. Available at: www.ndwrcdp.org/documents/04-DEC-10SG/04-DEC-10SG. pdf (accessed July 29, 2014).
- Berretta, C., Poë, S. and Stovin, V. (2014). Moisture Content Behaviour in Extensive Green Roofs During Dry Periods: The Influence of Vegetation and Substrate Characteristics. *Journal of Hydrology*, 511: 374–386.
- Berndtsson, J. (2010). Green Roof Performance towards Management of Runoff Water Quantity and Quality: A Review. *Ecological Engineering*, 36: 351–360.
- Berndtsson, J.C., Bengtsson, L. and Jinno, K. (2006). The Influence of Extensive Vegetated Roofs on Runoff Water Quality. *Science of the Total Environment*, 355 (1–3): 48–63.
- Berndtsson, J., Bengtsson, L. and Jinno, K. (2009). Runoff Water Quality from Intensive and Extensive Vegetated Roofs. *Ecological Engineering*, 35: 369–380.
- Bledsoe, B., Stein, E.D., Hawley, R.J. and Booth, D. (2012). Framework and Tool for Rapid Assessment of Stream Susceptibility to Hydromodification. *Journal of the American Water Resources Association*, 48 (4): 788–808.
- Bliss, D.J., Neufeld, R.D. and Ries, R.J. (2009). Storm Water Runoff Mitigation Using a Green Roof. *Environmental Engineering Science*, 26: 407–418.
- Brown, T. and Caraco, D. (2001). Channel Protection. *Water Resources IMPACT*, 3 (6): 16–19.
- Brown, R.A., Hunt, W.F. and Kennedy, S. (2009). Designing Bioretention with an Internal Water Storage Layer. Urban Waterways, North Carolina Cooperative Extension. Available at: www.bae.ncsu.edu/topic/bioretention/publications.html (accessed July 31, 2014).
- Carpenter, D. and Kaluvakolanu, L. (2011). Effect of Roof Surface Type on Storm-Water Runoff from Full-Scale Roofs in a Temperate Climate. *Journal of Irrigation and Drainage Engineering*, 137: 161–169.
- Carson, T.B., Marasco, D.E., Culligan, P.J. and McGillis, W.R. (2013). Hydrological Performance of Extensive Green Roofs in New York City: Observations and Multi-Year Modeling of Three Full-Scale Systems. *Environmental Research Letters*, 8 (2).
- Carter, T.L. and Rasmussen, T.C. (2006). Hydrologic Behavior of Vegetated Roofs. *Journal of the American Water Resources Association*, 42 (5): 1261–1274.
- Clark, S. Steele, K., Spicher, J., Siu, C., Lalor, M., Pitt, R. and Kirby, J. (2008). Roofing Materials' Contributions to Storm-water Runoff Pollution. *Journal of Irrigation and Drainage*, 134 (5): 638–645.

- DeNardo, J.C., Jarrett, A.R., Manbeck, H.B., Beattie, D.J. and Berghage, R.D. (2005). Stormwater Mitigation and Surface Temperature Reduction by Green Roofs. *Trans. ASAE*, 48 (4): 1491–1496.

- DiGiovanni, K. (2013). Evapotranspiration from Urban Green Spaces in a Northeast United States City. Doctor of Philosophy in Environmental Engineering, Drexel University.

- DiGiovanni, K., Montalto, F., Gaffin, S. and Rosenzweig, C. (2013). Applicability of Classical Predictive Equations for the Estimation of Evapotranspiration from Urban Green Spaces: Green Roof Results. *Journal of Hydrologic Engineering*, 18 (1): 99–107.

- Durhman, A.K., Rowe, D.B. and Rugh, C.L. (2007). Effect of Substrate Depth on Initial Growth, Coverage, and Survival of 25 Succulent Green Roof Plant Taxa. *HortScience*, 42 (3): 588–595.

- Fassman, E. and Simcock, R. (2012). Moisture Measurements as Performance Criteria for Extensive Living Roof. *Journal of Environmental Engineering*, 138 (8): 841–851.

- Fassman, E.A., Simcock, R., Voyde, E.A. and Hong, Y.S. (2013). Extensive Living Roofs for Stormwater Management. Part 2: Performance Monitoring. Auckland UniServices Technical Report to Auckland Regional Council. Auckland Regional Council TR2010/18. Auckland, New Zealand. Available at: www.aucklandcouncil.govt.nz/en/planspoliciesprojects/reports/technicalpublications/Pages/home.aspx (accessed May 2014).

- Fassman-Beck, E. and Simcock, R. (2013). Hydrology and Water Quality of Living Roofs in Auckland, in Proceedings of NOVATECH 2013, Lyon, France, June 23–27.

- Fassman-Beck, E.A., Simcock, R., Voyde, E.A. and Hong, Y.S. (2013). 4 Living Roofs in 3 Locations: Does Configuration Affect Runoff Mitigation? *Journal of Hydrology*, 490: 11–20.

- Ferguson, B. (1998). *Introduction to Stormwater: Concept, Purpose, Design*. New York: John Wiley & Sons, Inc.

- Getter, K.L. and Rowe, D.B. (2006). The Role of Extensive Green Roofs in Sustainable Development. *HortScience*, 41 (5): 1276–1285.

- Getter, K.L., Rowe, D.B. and Andersen, J.A. (2007). Quantifying the Effect of Slope on Extensive Green Roof Stormwater Retention. *Ecological Engineering*, 31: 225–231.

- Gnecco, I., Palla, A., Lanza, L.G. and La Barbera, P. (2013). A Green Roof Experimental Site in the Mediterranean Climate: The Storm Water Quality Issue. *Water Science and Technology*, 68 (6): 1419–1424.

- Gregoire, B. and Clausen, J. (2011). Effect of a Modular Extensive Green Roof on Stormwater Runoff and Water Quality. *Ecological Engineering*, 37: 963–969.

- Griffin, W. (2014). Extensive Green Roof Substrate Composition: Effects of Physical Properties on Matric Potential, Hydraulic Conductivity, Plant Growth, and Stormwater Retention in the Mid-Atlantic. Doctor of Philosophy in Plant Sciences and Landscape Agriculture, University of Maryland.

- Hathaway, A.M., Hunt, W.F. and Jennings, G.D. (2008). A Field Study of Green Roof Hydrologic and Water Quality Performance. *Transactions of the American Society of Agricultural and Biological Engineers*, 51 (1): 37–44.

- Hilten, R.N., Lawrence, T.M. and Tollner, E.W. (2008). Modeling Stormwater Runoff from Green Roofs with HYDRUS-1D. *Journal of Hydrology*, 358: 288–293.

- Kasmin, H., Stovin, V.R. and Hathway, E.A. (2010). Towards a Generic Rainfall-Runoff Model for Green Roofs. *Water Science & Technology*, 62 (4): 898–905.

- Lamprea, K. and Ruban, V. (2011). Characterization of Atmospheric Deposition and Runoff

Water in a Small Suburban Catchment. *Environmental Technology*, 32 (10): 1141–1149.

- Leopold, L.B., Wolman, G.M. and Miller, J.P. (1964). *Fluvial Processes in Geomorphology*. San Francisco: W.H. Freeman and Co.

- Li, Y. and Babcock Jr., R.W. (2014). Green Roof Hydrologic Performance and Modeling: A Review. *Water Science and Technology*, 69 (4): 727–738.

- Liu, R. and Fassman-Beck, E. (2014). Unsaturated 1D Hydrological Process and Modeling of Living Roof Media during Steady Rainfall. In Proceedings of the EWRI World Environmental and Water Resources Congress 2014: Water without Borders. Portland, OR, June 1–5.

- MacRae, C. (1991). A Procedure for the Design or Storage Facilities for Instream Erosion Control in Urban Streams. Ph.D. thesis. Ottawa: University of Ottawa.

- MacRae, C. and Rowney, A. (1992). The Role of Moderate Flow Events and Bank Structure in the Determination of Channel Response to Urbanisation. *Proceedings of the 45th Annual Conference: Resolving Conflicts and Uncertainty in Water Management*. Kingston: Canadian Water Resources Association.

- McCuen, R. (2005). *Hydrologic Analysis and Design*. New Jersey: Pearson Prentice Hall.

- Mendez, C.B., Klenzendorf, J.B., Afshar, B.R., Simmons, M.T., Barrett, M.E., Kinney, K.A. and Kirisits, M.J. (2011). The Effect of Roofing Material on the Quality of Harvested Rainwater. *Water Research*, 45: 2049–2059.

- Mentens, J., Raes, D. and Hermy, M. (2006). Green Roofs as a Tool for Solving the Rainwater Runoff Problem in the Urbanized 21st Century? *Landscape and Urban Planning*, 77: 217–226.

- Minnesota Pollution Control Agency (2013). Rainfall Frequency Minneapolis St. Paul. Available at: http://stormwater.pca.state.mn.us/index.php/File:Rainfall_frequency_minneapolis_st._paul.jpg (accessed August 20, 2014).

- Monterusso, M.A., Rowe, D.B., Rugh, C.L. and Russell, D.K. (2004). Runoff Water Quantity and Quality from Green Roof Systems. *Acta Horticulturae*, 639: 369–376.

- NRDC (2011). *Rooftops to Rivers II: Green Strategies for Controlling Stormwater and Combined Sewer Overflows*. Natural Resources Defense Council.

- Palla, A., Gnecco, L. and Landa, G. (2012). Compared Performance of a Conceptual and a Mechanistic Hydrologic Models of a Green Roof. *Hydrological Processes*, 26 (1): 73–84.

- Palla, A., Sansalone, J.J., Gnecco, I. and Lanza, L.G. (2011). Storm Water Infiltration in a Monitored Green Roof for Hydrologic Restoration. *Water Science & Technology*, 64 (3): 766–773.

- Pitt, R., Chen, S.E., Clark, S.E., Swenson, J. and Ong, C.K. (2008). Compaction's Impacts on Urban Storm-Water Infiltration. *Journal of Irrigation and Drainage Engineering*, 134 (5): 652–658.

- Pitt, R., Lantrip, J., Harrison, R., Henry, C.L., Xue, D. and O'Connor, T. (1999). *Infiltration through Disturbed Urban Soils and Compost-Amended Soil Effects on Runoff Quality and Quantity*. National Risk Management Research Laboratory.

- Rezaei, F. (2005). Evapotranspiration Rates from Extensive Green Roof Plant Species. Masters thesis. Pennsylvania State University, USA.

- Roesner, L., Bledsoe, B. and Brashear, R. (2001). Are Best-Management-Practice Criteria Really Environmentally Friendly? *Journal of Water Resources Planning and Management*, 127 (3): 150–154.

- Schroll, E., Lambrinos, J., Righetti, T. and Sandrock, D. (2011). The Role of Vegetation in Regulating Stormwater Runoff for a Winter Rainfall Climate. *Ecological Engineering*, 37: 595–600.

- Schueler, T., Fraley-McNeal, L. and Cappiella, K. (2009). Is Impervious Cover Still Important? Review of Recent Research. *Journal of Hydrologic Engineering*, 14 (4): 309–315.

- Seidl, M., Gromaire, M.-C., Saad, M. and De Gouvello, B. (2013). Effect of Substrate Depth and Rain-Event History on the Pollutant Abatement of Green Roofs. *Environmental Pollution*, 183: 195–203.

- She, N. and Pang, J. (2010). Physically Based Green Roof Model. *Journal of Hydrogic Engineering*, 15 (6): 458–464.

- She, N., Fassman, E.A. and Voyde, E. (2010). Application of a Physically-Based Green Roof Model to Living Roofs in Auckland, New Zealand, Proceedings of the 17th IAHR-APD Congress incorporating the 7th International Urban Watershed Management Conference, Auckland, February 21–24.

- Simcock, R. (2009). Hydrological Effect of Compaction Associated with Earthworks. Prepared by Landcare Research Manaaki Whenua for Auckland Regional Council. Auckland Regional Council Technical Report 2009/073. Available at: www.aucklandcouncil.govt.nz/EN/planspoliciesprojects/reports/technicalpublications/Pages/technicalreports2009.aspx (accessed September 2013).

- Šimůnek, J., van Genuchten, M.Th. and Šejna, M. (2012). The HYDRUS Software Package for Simulating Two- and Three-Dimensional Movement of Water, Heat, and Multiple Solutes in Variably-Saturated Media, Technical Manual, Version 2.0, PC Progress, Prague, Czech Republic, p. 258. Available at: www.pc-progress. com/en/Default.aspx (accessed March 14, 2013).

- Šimůnek, J., Vogel, T. and Van Genuchten, M.Th. (1994). The SWMS_2D Code for Simulating Water Flow And Solute Transport in Two-Dimensional Variably Saturated Media, Version 1.21. Research Report No. 132, U.S. Salinity Laboratory, USDA, ARS, Riverside, California, USA.

- Starry, O. (2013). The Comparative Effects of Three Sedum Species on Green Roof Stormwater Retention. Doctor of Philosophy in Plant Sciences and Landscape Agriculture, University of Maryland.

- Starry, O., Lea-Cox, J.D., Kim, J. and van Iersel, M.W. (2014). Photosynthesis and Water Use by Two *Sedum* Species in Green Roof Substrate. *Environmental and Experimental Botany*, 107: 105–112.

- Stovin, V., Poë, S. and Berretta, C. (2013). A Modelling Study of Long Term Green Roof Retention Performance. *Journal of Environmental Management*, 131: 206–215.

- Stovin, V., Vesuviano, G. and Kasmin, H. (2012). The Hydrological Performance of a Green Roof Test Bed under UK Climatic Conditions. *Journal of Hydrology*, 414–415: 148–161.

- Teemusk, A. and Mander, ü. (2007). Rainwater Runoff Quantity and Quality Performance from a Greenroof: The Effects of Short-Term Events. *Ecological Engineering*, 30 (3): 271–277.

- Uhl, M. and Schiedt, L. (2008). Green Roof Storm Water Retention – Monitoring Results, in Proceedings of the 11th International Conference on Urban Drainage, Edinburgh, Scotland, UK, August 31 – September 5.

- US EPA (2004). *Stormwater Best Management Practice Guide: Volume 1 General Considerations*. Washington, DC: United States Environmental Protection Agency Office of Research and Development.

- VanWoert, N., Rowe, D., Andresen, J., Rugh, C., Fernandez, R. and Xiao, L. (2005). Green Roof Stormwater Retention: Effects of Roof Surface, Slope and Media Depth. *Journal of Environmental Quality*, 34: 1036–1044.

- Vesuviano, G. and Stovin, V. (2013). A Generic Hydrologic Model for a Green Roof Drainage Layer. *Water Science and Technology*, 68 (4): 769–775.

- Vesuviano, G., Sonnenwald, F. and Stovin, V. (2014). A Two-Stage Storage Routing Model for Green Roof Runoff Detention. *Water Science and Technology*, 69 (6): 1191–1197.

- Vijayaraghavan, K., Joshi, U.M. and Balasubramanian, R. (2012). A Field Study to Evaluate Runoff Quality from Green Roofs. *Water Research*, 46: 1337–1345.

- Villarreal, E.L. and Bengtsson, L. (2005). Response of a Sedum Green-Roof to Individual Rain Events. *Ecological Engineering*, 25: 1–7.

- Volder, A. and Dvorak, B. (2013). Event Size, Substrate Water Content and Vegetation Affect Storm Water Retention Efficiency of an Un-Irrigated Extensive Green Roof System in Central Texas. *Sustainable Cities and Society*, 10: 59–64.

- Voyde, E.A. (2011). Quantifying the Complete Hydrologic Budget for an Extensive Living Roof. Doctor of Philosophy in Civil Engineering, University of Auckland.

- Voyde, E.A., Fassman, E.A., Simcock, R. and Wells, J. (2010). Quantifying Evapotranspiration Rates for New Zealand Green Roofs. *Journal of Hydrologic Engineering*, 15 (6): 395–403.

- Wadzuk, B.M., Schneider, D., Feller, M. and Traver, R.G. (2013). Evapotranspiration from a Green-Roof Storm-Water Control Measure. *Journal of Irrigation and Drainage Engineering*, 139 (12): 995–1003.

- Walsh, C.J., Fletcher, T.D. and Ladson, A.R. (2009). Retention Capacity: A Metric to Link Stream Ecology and Storm-Water Management. *Journal of Hydrologic Engineering*, 14 (4): 399–406.

- Wanielista, M.P., Hardin, M.D. and Kelly, M. (2007). The Effectiveness of Green Roof Stormwater Treatment Systems Irrigated with Recycled Green Roof Filtrate to Achieve Pollutant Removal with Peak and Volume Reduction in Florida, Florida Department of Environmental Protection.

- Water Environment Federation and American Society of Civil Engineers/Environmental and Water Resources Institute (2012). *Design of Urban Stormwater Controls*. 2nd edn. New York: McGraw-Hill Professional.

- Wicke, D., Cochrane, R., O'Sullivan, A., Cave, S. and Derksen, M. (2014). Effect of Age and Rainfall pH on Contaminant Yields from Metal Roofs. *Water Science and Technology*, 69 (10): 2166–2173.

- Wolf, J. (1960). Der diurnale Särerhythmus, in *Encyclopedia of Plant Physiology*, edited by W. Ruhland, 12, 1930–2010. Berlin and Heidelberg: Springer Verlag.

- Yio, M.H.N., Stovin, V., Werdin, J. and Vesuviano, G. (2013). Experimental Analysis of Green Roof Substrate Detention Characteristics. *Water Science and Technology*, 68 (7): 1477–1486.

- Zhao, L., Xia, J., Xu, C., Wang, Z., Sobkowiak, L. and Long, C. (2013). Evapotranspiration Estimation Methods in Hydrological Models. *Journal of Geographical Sciences*, 23 (2): 359–369.

第三章　项目规划考虑

这一章主要介绍了活性屋顶项目团队早期的参与和协作的重要关系，这十分有助于项目的设计、施工以及长期维护的成功进行。第 3.1 节主要介绍了团队角色和责任分工，以及他们和客户之间的沟通渠道。第 3.2 节则提出了一个循序渐进的规划过程，从而引出了本章其余部分所涉及的设计与维护主题。这些主题包括了屋顶的种植设计和性能方面，就项目目标（雨水管理、舒适空间、促进生物多样性）而言，理解和物理环境的有关结构（广泛或密集型）、气候、建筑服务（供暖或倒置式屋顶装配的约束要求）；最后，实现目标克服这些约束条件去做出明智的设计决策所需要的技术和数学工具。项目规划期间客户与设计顾问之间的有效沟通和早期磋商，以确定实现目标的优先级别并最终了解潜在矛盾，从而有助于简化设计流程并确保最终效果。

3.1　项目规划过程

3.1.1　参与的专业人员

参与活性屋顶项目的顾问包括景观设计师、建筑师、土木和雨水工程师、建筑服务规划师、园艺师、生态学家和景观承包商等。表 3.1 总结了不同顾问在活性屋顶项目中的作用。虽然表 3.1 中列出的每个专业人员并非都将成为初始设计对话的一部分，但专业人员之间在项目各阶段的早期协调和持续沟通会减少未来成本以及减少对项目的重大改动。早期合作利于具体化活性屋顶项目的目标，从而有助于成功地建立一个活性屋顶。

专业人员名单和他们在活性屋顶项目中主要参与领域　　表3.1

安排	客户
设计	• 建筑师/景观设计师 • 土木/结构/暴雨/机械/电气工程师，建筑外立面顾问，法律顾问 • 建设服务规划师 • 园艺师 • 生态学家（有时） • 屋顶/景观承包商和/或活性屋顶专家（有时）

安排	客户
建设	• 建筑/景观/屋顶/活性屋顶/传播（主要在北美）承包商与分包商
设施管理	• 维护专业人员

3.1.2 交流工具

规划的过程依赖于持续而系统的交流沟通。这个过程涉及文本、计算和绘图。设计或概念图用于传达总体设计思想和模式，并发展演变为施工图和规格，作为在项目施工期间的主要图形和书面交流工具。它们定义了设计团队、客户、承包商和维修团队每个团员的角色。在规划人员制作施工图时，可以对早期规划决策进行审查来确保功能的完备，这是避免远期出现各种问题的关键，比如从防水膜的完整性到在允许设计荷载范围内成功种植。就像德国设计师所言，"图纸是耐心的"。先在纸上开发和改进设计思想以及计算方式远比后来在现场寻找解决方案要便捷合算得多。

现代在线通信技术（电子邮件、云共享）让日常会议和系统性增编结构下的绘图更新变得十分便捷。持续沟通促进项目发展的各个方面，有助于避免施工失败及造成的相应法律问题。在规划阶段作出的决定一旦发生了突然的变化，可能会改变活性屋顶和其组件的整体外观及功能。例如，如果建筑师降低了先前设计规定的护栏高度，并且没有告知有关的设计人员，那么可能会造成活性屋顶组件无法在生长介质上方提供一个必要的间歇高度。或者，如果建筑师提高了护栏高度，那么可能无法在同一平面上观看到所种植的植被，这就违反了起初客户期望和政府要求的设计愿望。这个例子突出了所有设计人员之间即时交流设计中更改的信息的重要性。忽视实时沟通，是一个最常见的错误，并且是法律的灰色地带。一旦追究赔偿责任，那么所有设计顾问都可能对此负责。

3.2 循序渐进的规划过程

理想状况下，设计一个活性屋顶的规划过程可以看作围绕着三个连续计划会议表进行的：

1. "计划表"其中包括了所有负责屋顶设计的专业人员（被称为设计顾问）；
2. "施工管理表"其中涉及了所有负责施工建造协调和执行的专业人员；
3. "设施管理（维修）表"涉及了全部参与维护活性屋顶的专业人员。施工管理表和设施管理表只有在活性屋顶施工投标过程完成后才能被召集。

3.2.1 规划人员会议表上的任务

设计顾问表（图 3.1）中涉及的第一次讨论内容，主要包括设计项目目标、选择项目团队成员、分配任务、明确项目规模和制定合同等。在这些主题中，明确识别和沟通项目目标对于项目的长期成功实施具有重要的影响。项目目标的典型选择包括但不限于防洪减灾、户外舒适空间、城市农业、生物多样性、减少能源需求或是上述的组合等。活性屋顶很少被设计为优化屋顶全部的功能。因此，需要客户介绍他们对该项目的期望。设计顾问团队将向客户提供关于如何促进客户设计目标的建议，以及改善项目目标质量的方法，像是通过调整项目目标或将其与另外的目标联系起来。例如，如果客户希望追求雨水管理的目标，那么设计团队应该考虑项目将如何适应周围的城市环境。这个项目可以作为活性屋顶群的一部分，来减少暴雨径流对当地受纳环境的影响，或者项目减少的径流可能需要进一步缓解，无论是在现场还是在像公园或花园等级别的公共空间便利设施。

整体的可持续设计也需要考虑。有的项目目标也许会阻碍甚至危及一些其他功能。比如，雨水管理的水质目标可能与城市农业对土壤养分的需求相冲

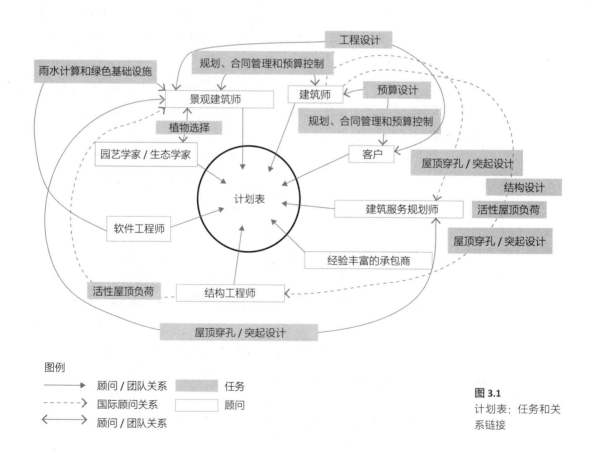

图 3.1

计划表：任务和关系链接

突。一些实验性屋顶农场在满足当地食品生产需求方面显示出潜力。这些农场需要灌溉和施肥，即使使用有机肥料，其排放物也可能富含氮和磷等物质。如果在没有处理的情况下排放，这对于淡水环境可能是一个潜在的问题。

屋顶区域也可以用来生产可再生能源，比如利用太阳能和光伏电池为建筑物（包括灌溉泵或防水膜的自动泄露检测装置）和城市电网进行发电，或者利用太阳能－水加热收集器为建筑物获取热水。此外，风力涡轮机也可以安装在屋顶产生再生能源，尽管这种方法在城市中由于各种原因（包括效率、噪声和美学缺乏）被认为是有问题的。但无论如何，这些附加结构必须安装在屋顶植被之上，从而避免雨水减排能力的大幅降低。

设计的演变决不应该与屋顶的性能目标相冲突。例如，活性屋顶设计的后勤方面（包括水电等服务，通道的安全，护栏的位置，及屋顶结束点等）应该与种植设计同时进行，因为有问题的设计元素可能会干扰种植性能和设计体验。

3.2.1.1 项目规划过程中的客户参与

向客户通报项目的各个方面，是设计顾问团队在建筑师和景观设计师专业协会法规中所描述的重要责任。设计顾问团队应咨询客户以确定项目目标和屋顶设计，以澄清预期并避免误解，特别是有关预算以及建造后屋顶的外观和维护。设计顾问团队应定期通知客户关于规划和施工过程的介绍，并解释以下主题：

设计目标如何实施。例如雨水径流表现、活性屋顶的全年外观，诸如植被覆盖、颜色、高度或平衡设计元素，以确保雨水足以填充屋顶灌溉蓄水池，同时满足绿化区域的最大化。

在项目规划过程中发生了什么变化。例如，如果需要修改屋顶结构以适应预期的植物种植面板，或者在干燥时期扩大储水池的面积以保持足够水源来灌溉屋顶，这些都会影响建筑的空间和承载能力。

说明项目的细节。例如描述材料的风化，耐久性和生态足迹。

在从项目规划到施工的所有阶段，建筑成本是如何变化的。例如，估计的建筑成本和持续的长期维护成本。

如何进行施工监控，重点是确保施工期间防水不受影响，材料按规定交付。

3.2.1.2 设计合同的制定

当设计顾问团队成立时，客户和设计顾问之间会签订合同。这些合同规定了每个专业人员被分配的任务。多数情况下，一个顾问，通常是建筑师，将担任设计团队的负责人，负责转包其他专业人员，并且在项目的设计和施工阶段与客户进行主要联系。客户需要获知项目负责人将代表其负责协调和监督规划、施工、维护和合同制定。当然，客户也可以单独聘用所有顾问，在这种情况下，所有顾问需要直接向他／她报告。在任何情况下，都必须为每个人按照不同的屋顶组件设计任务分配特定的责任。取决于不同情况，首席顾问或客户有责任根据需求聘请其他设计顾问，如结构工程师、包装顾问、机械工程师、园艺师和生态学家等。

合同还应规定施工期间专业人员的责任和义务。在规范和施工图纸发布后，责任的定义会更加全面，因为这些文件将给承包商施工提供具体指示。在屋顶建造过程中，通常由现场项目经理，建筑师和景观设计师承担全部责任和义务。工程师和其他设计顾问专业人士必须对其工作范围进行负责。在北美，活性屋顶专业承包商和公司可以提供完整的活性屋顶系统，包括防水膜和整个组件的保修。在欧洲，活性屋顶公司通常只作为建造屋顶的景观承包商的供应商。

在责任方面，屋顶最重要的元素之一就是防水膜的完整性。设计团队必须提供一个防水组件。在改造方案中，建筑师、建筑包装顾问和专业屋顶安装人员必须评估现有膜的使用年限和耐久性，根据其状况判断是否需要更换。在施工期间，使用倒置式屋顶装配会比暖式屋顶装配更加容易保护防水膜。防水膜上方的隔热层可以在施工期间保护膜免受尖锐物体的影响。由于暖式屋顶装配（第3.3.3节）的隔热层低于防水层，其对尖锐物体更敏感。在这种情况下，建筑师和包装顾问应该对隔热层和隔膜负责，因为他们通常负责着上至防水膜（含）的所有层次。如果防水膜受损，需要将隔热层全部换掉，因为如果隔热层受到水淹，其保温性将会丧失。这样，建筑师和包装顾问可能会承担经济责任。在倒置式屋顶装配里，保温完整性的责任并不完全在于建筑师，还包括景观设计师、屋顶安装工、景观承包商和现场项目经理。

除了任命项目负责人和界定责任外，合同还应包括以下几点：

任务分配，即确立关于项目不同方面各顾问间的协调关系。例如，为了设计屋顶排水沟的位置和数量，建筑师、建筑包装顾问和机械工程师之间需要协调一致。这是因为建筑师在屋顶设计中的主要目标是保持建筑包围结构的完整性。而屋顶排水沟的位置、大小和数量会影响降雨减缓性能，因此如果雨水管理是设计目标，还应该咨询水文工程师（注意到活性屋顶的存在不会降低对屋顶排水管的要求）。

分配规划批准的责任。合同将规定谁来监督项目符合政策，例如当地的屋顶生活政策；健康、安全和消防规定；雨水政策；当地的生态政策（如生物安全问题或保护措施）以及可用于建造活性屋顶的政策。当地法规和地方条例通常要求雨水在场地上得到舒缓，或暂时滞留，以减轻现有下水道/雨水系统或本地接收水的负担。对于这种情况，设计顾问团队应该应用一组雨水计算来估计项目是否符合这些地方条例。地方当局可能需要这些计算，以获得拟议设计的规划许可。

分配监督额外的屋顶设备和技术安装的责任。例如，人工灌溉水箱的安装必须由建筑师、结构和机械工程师以及景观设计师来协调，因为他们需要确定水箱在建筑物内或建筑物上的位置。任何可再生能源系统的要求都应纳入合同，以实现最低基础尺寸、适当的基础设施保护和最低限度的活性屋顶附加负荷。

3.2.2 施工管理规划表的任务

下一轮的讨论将围绕施工管理规划表进行（图 3.2）。讨论内容包括项目监管和图纸批准。这些讨论和任务由设计和施工专业人员承担，有时也由客户承担，其中包括：

定义全面的监督任务，确保所有的规划任务都被考虑进去。任务由现场项目经理监督，他/她在这个阶段协调所有专业人员。例如，现场项目经理需要

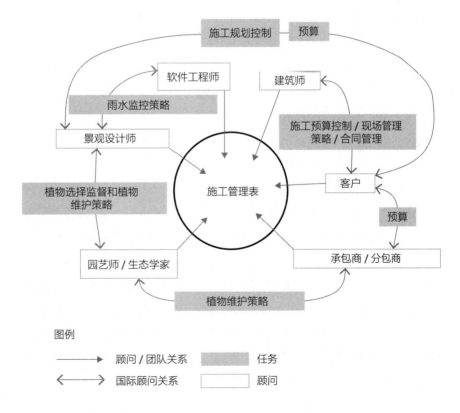

图 3.2
施工管理表：任务
和关系链接

确保设计的射孔（排液位置和屋顶通风口）是按照规范进行的，并且在活性屋顶安装之前证明它不漏水。

决定谁来监管场地并确立管理方法。总的来说，现场项目经理监督项目。现场工作也必须由建筑师、工程师和景观设计师定期检查，且现场检查的记录必须记录在案。设计顾问还将在所有施工阶段进行定期的现场检查。特别是防水膜的完整性需要多名专业人员的监督（见第四章关于测试防水的方法）。

批准工作图纸和规格。在施工开始之前，景观承包商需要审查由设计顾问设计的和由工程师批准的施工图和规格。设计顾问还必须审查包括机械、电气和专门的屋顶安装等行业生产的车间图纸。虽然显而易见，但设计顾问和行业经常遗忘需要注明屋顶材料和建筑细节的图纸，这些材料必须符合当前的建筑和材料标准，并符合当地的健康和安全规定。

3.2.3 设备管理规划（维护）表中的任务

设施管理规划表可在屋面正在施工时进行制定（图3.3）。关于植物维护的讨论应该在理想情况下与植物选取一起完成，但要在种植植物之前，以确定活性屋顶系统维护需要的供给。现场项目经理负责为建造阶段的维护工作协调各专业承包商。在建造期间，景观设计师、现场经理或活性屋顶供应商应当实施屋顶监测。长期维修可由建筑业主或业主阶层（如果该项目是私人的所有权建筑，例如一套共管公寓）雇佣的当地承包商或建筑设施维修人员进行。

客户（有时）和设计专业人员和承包商需要为活性屋顶编写两本维护手册——一份针对植物建设，因为责任原因需要承包给活性屋顶施工公司，另一份用于植被和活性屋顶其他部件的长期维护，这项工作可以承包给建筑公司或其他活性屋顶维修公司。

两本维修手册应考虑下列主题：

由经过培训的专业人员进行建造阶段的定期维修和之后的长期维修，根据手册详细介绍现场情况，并明确对屋顶维护的投入。在以雨水管理为设计目标的地方，由于其对径流水质的潜在影响，需要明确规定肥料的组成、施用时间和施用频率的限制要求。

定义必要的维修类型以保持活性屋顶的健康、功能和美学上可接受的外观。维护包括灌溉系统维修；排水功能与清洁；为灌溉系统安装御寒设施以防止冬天管道冻裂；监测和根除侵蚀损害；修剪或切割屋顶植物；铲除入侵物种、开创性的或随机出现的植物以保持种植设计概念；检查维修人员安全系统的完整性等。

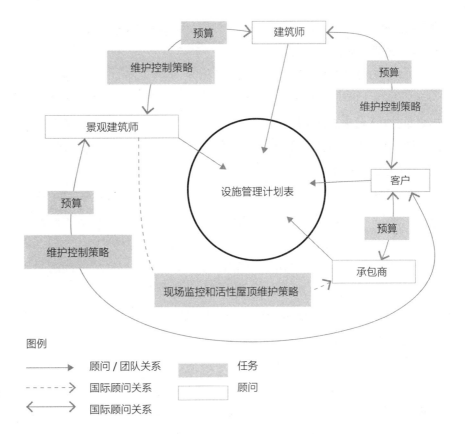

图例

→ 顾问 / 团队关系   ▭ 任务

- - → 国际顾问关系   ▭ 顾问

←→ 国际顾问关系

图 3.3
设施管理规划者表:
任务和关系链接

3.3 协同规划的关键要素

活性屋顶方案包括建造一个新的建筑项目——就是将活性屋顶从开始就纳入项目设计中，以及改造传统屋顶——就是在现有屋顶结构之上来建造活性屋顶。在活性屋顶设计之初，新建和改造的类型都遵循相似的规划考虑。在两种屋顶方案中，建筑师在客户的同意下，向景观设计师、结构和机械工程师、建筑包装顾问和屋顶安装人员提供建议的或现有的屋顶及其结构的概念图。所有方面的顾问从项目一开始就一起工作是很重要的。

3.3.1 建筑结构承载力

无论是新建的还是改造的活性屋顶，结构荷载都是控制屋顶可行性、成本和设计的主要因素之一。在项目早期就需要设计顾问之间相互协调来评估屋顶的结构承载力，因为它往往是最重要的设计限制因素，从而影响着几乎所有屋顶项目的其他建设要素。活性屋顶项目规划应该是一个协作过程，以确保建筑和周边公共环境的安全，同时满足活性屋顶项目的建设目标。否则，正如波茨坦广场（Potsdamer Platz）案例所解释的那样，可能会出现不必要的额外规划成本，或是降低设计自由度。

柏林的波茨坦广场在众多建筑物项目里展示了重要的活性屋顶。这个项目的目标是收集和回收雨水，减少径流并用包括从灌木到大型树木的各种植被等丰富的视觉体验来改善新开发的城市空间。虽然该项目在这些方面取得了成功，但活性屋顶的设计在屋顶体验方面并未充分发挥其潜力，因为并没有从项目设计开始时就向景观设计师进行协作咨询。

之所以发生这种情况，是因为建筑师和结构工程师忽略了向客户介绍景观设计师的必要性。建筑师和结构工程师设计并计算了大多数建筑物屋顶的承载能力，但却没有包括活性屋顶设计及其载荷。因此，在结构加固中节省成本（因其未被纳入预算）的要求限制了结构工程师规定的点荷载能力。同时这也限制了树木、茂密植被以及其他在结构上增加点荷载的设计要素的使用。种植设计的自由受到了破坏，因此，在创造多样化的屋顶体验时也错失了使用许多设计手段的机会。

新建广泛型活性屋顶可以被纳入建筑设计中，而且只需少量额外费用。在许多情况下，一个活性屋顶的重量和一个有荷载屋顶的重量相近。改建工程需要首先考虑结构的承载能力。由于结构负荷要求，通常只有广泛型活性屋顶才适合改装安装。这种考虑也与结构功能的相配有关：例如，将现有建筑用于城市农业往往是不明智的，而城市农业则需要密集型活性屋顶装配的深度生长介质（约 200—600 毫米）（Peck and Kuhn，2001）。

在某些情况下，如芝加哥的市政厅，建筑物被设计为可以添加额外的楼层或是其屋顶空间用途可以进行改变（例如，停车场／直升机垫被移除）。这些建筑在结构上非常适合活性屋顶改造。芝加哥市政厅的创意思维塑造了一个地形从几厘米到 45 厘米不等的活性屋顶，并可以在没有额外的结构支撑的情况下栽植树木。

对新建或改建的活性屋顶进行规划时，首先应由获得许可的结构工程师确定其结构的承重能力。结构设计必须确保屋顶能够承受来自活性屋顶组件的额外静荷载，以及来自水，植被和潜在的人类的波动质量而造成的活（动态）荷载。活荷载和静荷载是计算屋顶结构承载力时考虑的两种重力荷载类型。

活荷载构成结构顶部的波动或外围部分。静载荷构成了结构本身必不可少的所有静态元素的重量。在新西兰，活荷载和静荷载分别被称为施加作用和永久作用。结构设计还包括风向隆起。如果屋顶组件需要由混凝土铺路石或重砾石固定就位，则考虑会导致护栏区域的载荷较高。在改造的情况下，工程师将确定在现有的屋顶承载能力范围内可以增加多少荷载。同时，也可能需要额外的结构加固来支撑预期的活性屋顶。

景观设计师需要结构图来评估设计。这些要素影响着点和分布荷载的可行性（例如，雕塑和树木相对于生长介质和低生长植被）。如果建造一个新的屋顶，建筑屋顶的平面图和结构图应该很容易从客户或建筑师那里获得。对于改造，现有的建筑和结构图可能更难以获得，特别是数字格式的图纸。如果现有建筑的平面图没有被找到，建筑师或结构工程师应该制定一个现有屋顶方案，这就确保了每个人都能够使用最新的数据信息。

3.3.2　排水考虑

任何活性屋顶的存在都不会影响对于正常排水的需要。换句话说，雨水径流必须能够排出屋顶而不会产生积水。活性屋顶不限于接近"平坦"（无坡度或非倾斜）的屋顶。与"平坦"屋顶安装相比（第 4.6.1 节），在不对屋顶进行重大改造的情况下，活性屋顶在大约 10°—15° 的坡度上可能是可行的。

排水槽和排水沟的位置和数量应确保雨水能够从屋顶高效排出，这是安全问题。虽然活性屋顶产生的径流比传统屋顶少，但仍需要地表排水来防止植物淹溺并避免积水。排水量计算通常在建筑规范中能够找到，需要符合最小的规则。在改造方案中，取决于设计可能需要额外的排水，但应避免附加排水沟。这是因为额外排水沟的协调对于屋顶下面的空间可能是有问题的（排水沟通过顶棚和墙壁向下延伸的地方）。

由于净空高度限制，降低顶棚高度也许是不可行的，并且现有墙壁可能没有容纳额外排水管的宽度。如果需要额外的排水系统，排水槽可能是更实用的解决方案，因为它们可以留在建筑物的外部。在新项目情景中，屋顶排水管的分配问题明显较少，因为可以使排水管的位置与下面的建筑元素进行适当对应。有关排水渠和排水槽设计的更多信息，请参阅第 4.6.3 节。

排水管的位置选择和排水方法都会影响活性屋顶的外观。无论是穿过植被还是在植物周围布置，排水槽都呈现为线状结构。排水沟会在屋顶表面形成由可见的检查室盖组成的图案。两者都应该融入活性屋顶表面的软性和硬性景观设计中。排水槽应整合到维护铺设或是砾石带区域中，以便与相似颜色的材料美观地融合。带有检查室盖子的排水管应该用植被进行遮掩。结构和机械工程师以及建筑师、景观设计师和屋顶安装人员必须共同设计屋顶，使其在极端降雨事件中能够承担增加的负荷，并且能够快速排出多余的水。作为一个新屋顶的替代方案，多个屋顶坡度交替的排水点可以去除雨水，从而平衡负荷。

一般来说，客户会喜欢降低排水量，以减少安装和维护成本。屋面防水

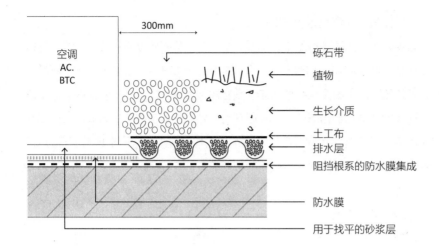

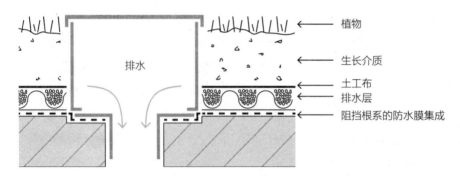

图 3.4
突起和穿孔

膜每一次的穿透都是一个潜在的薄弱环节。密封穿孔 / 突起和屋顶之间的界面（图 3.4）提供了最艰巨的防水挑战。尽可能减少数量（同时遵守相关建筑规范）并确定屋顶排水沟的适当位置可由设计顾问团队与屋顶安装人员共同解决。

　　由于需要确保其可达性，新屋顶或改造房顶上穿孔的数量和穿孔位置，例如空调通风口或电梯机房等需要进行处理。由于穿孔在大多数改造房顶上是固定的，因此它们的位置可能会影响屋顶的整体美学。活性屋顶硬表面或是软表面设计都必须容纳屋顶穿孔。

3.3.3　装配设计

　　内置式组件通常由建筑师设计，并由建筑包装顾问、景观设计师、结构工程师和专门的屋顶安装人员提供建议。组件的层数、顺序、厚度和材料密度是活性屋顶的基础，并影响其性能和视觉美观。在北美洲，大多数专业活性屋面供应商提供最低的装配标准，这些标准可以根据场地的具体情况来定

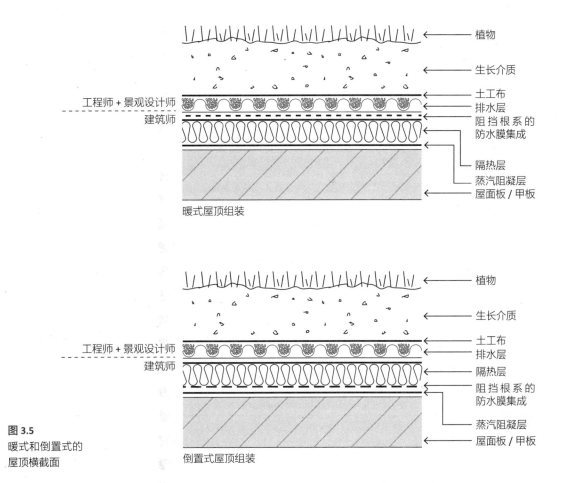

植物

生长介质

工程师 + 景观设计师 --------

建筑师

土工布

排水层

阻挡根系的
防水膜集成

隔热层

蒸汽阻凝层

屋面板 / 甲板

暖式屋顶组装

植物

生长介质

工程师 + 景观设计师 --------

建筑师

土工布

排水层

隔热层

阻挡根系的
防水膜集成

蒸汽阻凝层

屋面板 / 甲板

倒置式屋顶组装

图 3.5
暖式和倒置式的
屋顶横截面

制。该组件还影响房顶下建筑物的许多重要性能，包括其内部和外部温度，以及隔声能力。

不同层的功能和特性影响组件的厚度和重量。在设计组件时，设计目标，即降雨径流减少和植物存活度，应该来确定组件中不同层的选择。在减少雨水径流的情况下，组件必须根据居住活性屋顶所处的特定气候环境保留或滞留降水量。屋顶组件的不同层的布置和特性将影响其可以保留的雨水量和持续时间。

屋顶组件可以被描述为"暖式"或"倒置式"（也称为"冷式"）屋顶（图 3.5）。屋顶类型通常由建筑师提出。暖式与倒置式的术语是指隔热层相对于防水层的位置。在暖式屋顶中，隔热层位于防水膜下方。水通过生长介质排出，并沿着位于防水膜上的排水层流到屋顶排水点。

在倒置式屋顶中，隔热层安装在防水膜上方。水通过生长介质排出。然后，一部分水顺着绝缘层上方流向排水点。剩余的水通过绝缘层板之间的间隙垂直排出，然后顺着防水膜上方流动到排水点。由于绝缘层必须保持干燥（以

屋顶元素	提问	意义
结构强度	• 屋顶能承受来自水、植被、风和人的静态和动态荷载吗？	• 建筑结构完整性
屋顶坡	• 屋顶斜坡提供正排水？ • 差速沉降对低坡屋顶的影响（如果有的话）是什么？	• 积水会造成结构性负担 • 通过重力从屋顶排水的能力可能会受到影响
防水	• 防水膜的质量和状况如何，是否需要更换？ • 保修期多长？（质保的重要性可能会影响产品的选择）	• 避免漏水 • 保护内部建筑免受潮湿侵入
穿孔/突起/排水功能	• 排水点及/或排水沟的位置及数目？ • 集群穿孔能力？ • 类型？（例如，空调通风口与机房通道）	• 防水挑战 • 明确长期维护的方法 • 随意的位置会影响美观，增加任何回顾性防水的成本
维修通道及屋顶安全	• 物理访问？ • 灌溉供应及运营（用于工厂建设或长期成功）？ • 安全功能，是否需要安全带？ • 临时存放的安全位置（植物，板条箱，排水垫等），特别是在负载能力较高的区域？	• 长期维护的费用与健康和安全以及访问方法有关 • 如果需要专业培训或访问设备，则会增加成本

避免其绝缘性能的损失），所以组件，特别是排水层，必须部分带有促进空气循环的设计。排水层充当绝缘层和土工布层之间的空气循环区，允许蒸发，从而减少绝缘层中的潮湿。或者，隔热层可以夹在另外的空气循环层和排水垫之间，从而允许空气在刚性绝缘层的上面和下面循环。

　　一个活性屋顶的成功不仅取决于适当的规划，还取决于对其装配下方中各元素全面合理的设计。表 3.2 总结了对装配下方的每个屋顶组件提出的要求和重要问题，以及各屋顶组件在整个活性屋顶工程中的直接意义。

3.4　植物

　　关于什么样的设计才能在美学上被周围城市环境所接受，这有许多不同的概念，并且这个问题在设计和市政评论小组中产生了大量讨论（Abrams，2009；greenroofs.org，2010）。正面的公众看法对精心设计，且呈现出各种植物结构和颜色搭配的活性屋顶给予了赞同（Fernandez-Cañero et al.，2013）。以景天为主的多年生植物或混合多年生植物比草地更受欢迎，因为草地看起来比较"凌乱"（Jungels et al.，2013）。最后，设计顾问团队必须

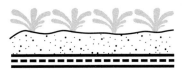
良好生长

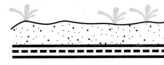
较差生长

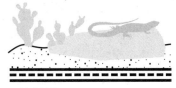
设计非植物区

图 3.6
生长良好与生长不佳的植被取决于设计目标和综合规划

考虑植被的外观在其他屋顶设计目标（例如生物多样性、屋顶维护或屋顶可达性）下的利弊。

健康或"不健康"、有杂草或没杂草的外观通常是活性屋顶上最明显的特征（图 3.6）。它通常是一个活性屋顶规划过程的最终目标，也是判断一个项目有多"成功"的标准，无论其他目标如何，健康"外观"的屋顶对于实现其他性能目标是不必要的。一个由过度灌溉和过度施肥支撑的绿色屋顶可能会影响恢复力、暴雨水和维护目标。有些杂草可能有助于有效的蒸腾盖层。

持久健康的外观可能是设计要求之一，特别是如果从地面和／或从其他建筑物可以看到活性屋顶的话。如果不考虑美观，那么可能不需要健康的外观，只要满足屋顶的其他设计目标即可。为了达到表面上的植物健康和／或理想的美学目标，屋顶上的植被必须从技术、美学和园艺的角度结合设计。植物种类的选择是很重要的，因为它会影响整体的建设需求（即生长培养基的深度）、补充人工灌溉的需求、维护需求、对昆虫破坏和疾病的抵抗力、雨水缓解性能，以及从其他建筑物或在地面上可以看到的活性屋顶的全年美学外观。

3.4.1 种植设计——一个动态的生命周期

一个广泛型活性屋顶是建立在一个人造的结构之上的，并且没有在物理上连接到地面上的透水土壤。因此，不同的环境条件组成了一个活性屋顶，它比在地面上极端得多。活性屋顶必须具有弹性或适应的条件包括但不限于以下条件：

A. 有限的"生长"空间，尤指有限的生根深度；

B. 一个工程化的生长介质和排水层，生长介质层通常太薄、太热、有机质太少、干旱、缺乏微生物、贫瘠，致使许多植物不能在此生存或保持美观的外观；

C. 快速、广泛波动的气候，具有强而猛烈的风、温度炎热或寒冷，特别是在城市里的高大建筑物上；

D. 在建筑物顶部时通常不受保护的暴露在大风、高温和寒冷下；

E. 动态环境：随着植物的生长、死亡和分解，养分（或酸雨或盐雾）（的）添加或浸出，有机质含量的波动，植物和基质会随时间而变化。

3.4.2 植物选择的规划考虑

活性屋顶是人造景观，因此对种植的植被有特定的限制。维护、气候耐受性、蒸散量、可及性、侵蚀性、美学性、生物多样性和干旱胁迫都会影响植物的生存能力。

3.4.2.1 植物维护需求

在活性屋顶的设计过程中，维护起着至关重要的作用。每个活性屋顶都需要进行定期维护，就像传统的屋顶一样。在一个适应能力强的覆盖建立起之前，广泛型活性屋顶的维修通常更频繁，直到建立起弹性盖。之后，根据活性屋顶的设计目标和屋顶的持续时间（通常是裸膜或压载屋顶的两倍），维修频率从每周到每年或每两年不等。每周的维护适用于经常使用的、公共可及的草坪和每年需要修剪、灌溉和季节性重新种植的花围。一年一度的秋季维护可能可能用于典型的可以从远处（或根本就没有）俯瞰的已建立的活性屋顶。对于这些地点，需要进行维修视察，以检查排水点是否畅通，以确保暴雨水流畅通；清除可能会破坏屋顶防水膜，具有侵入根系的植物，例如桦树幼苗；并确保整个活性屋顶覆盖物没有被破坏或是暴露屋顶防水膜。

与维护（或缺少维护）相关的常见故障包括但不限于：

• 缺乏植被覆盖密度——这可能意味着在夏季需要补充种植和／或灌溉；

• 疫病

• 由于排水槽和排水沟堵塞导致排水不足，这可能导致洪水或雨水管理性能下降，由于超过预期的径流量；

• 灌溉系统故障，喷嘴泄漏或堵塞，这可能导致植物衰败；

• 对主根修剪不足，或除草不充分（特别是如果设计者采用静态的设计概念），会导致植物死亡以及对根部阻挡层的不必要的压力。

对维护和监测，期间发生故障的最好的预防措施是把项目专门交给受过训练的活性屋顶绿化工人和植物生态学家。

3.4.2.2 植物对气候的耐受性（温度、降水和需水量）

活性屋顶在某一气候带中的位置以及建筑物的小气候引起的环境条件对植被的生长、生存和持续发育有着强烈的影响。

在干燥炎热的气候中（例如在亚利桑那州），假如活性屋顶没有灌溉条件，需要植物在其生物量中具有较高的保水能力以及拥有低蒸腾速率（如仙人掌）。半寒冷的干旱气候，如西班牙，与中等的保水能力和中等的蒸腾速率则需要旱生植物（如各种兰花和草本植物）。植物需要能够忍受严寒和／或冻融以及屋顶微气候的极端温度。在潮湿的气候条件下，通常可以避免积水和根腐烂。这是因为生长介质被设计成多孔的，从而活性屋顶组件的重量才能被保持在最小。不同的气候区可能需要不同的屋顶建设组件，包括不同的生长介质深度、不同持水能力的生长介质和特定的植物种类（ASTM，2008；Roehr and Kong，2010；Stovin et al.，2013）。

气候和背景因素需要在规划阶段尽早考虑，并在设计阶段进行更密切的调查，因为它们主要控制美学外观、物理功能和雨水减缓的有效性（ANSI / SPRI 2010）。克服不利气候影响的干预措施可能与增加维护（灌溉、施肥、植物替代）和降低的恢复力有关。

微气候背景

在广泛型活性屋顶上的植物必须承受比地面上自然土壤里的植物更极端的天气 / 气候条件（Getter and Rowe，2008；Roehr and Primeau，2010）。这包括温度（热和冷）的快速波动、辐射和风暴、干旱，以及近海或海洋气候中的盐雾。气候条件在城市中心的高层建筑中最为极端和多变，因为大量的混凝土和坚硬的表面会增加温度，降低湿度，偏转和集中风力。城市的小气候可以在很短的距离内发生巨大的变化，这取决于太阳和雨影以及反射的辐射。由中高层建筑引起的风洞现象通过减少植物冠层的边界层来增加植物的蒸散速率（Theodosiou，2009）。

一年生植物和较高的草本多年生植物和两年生植物一般不推荐作为低维护活性屋顶或没有大量灌溉供应（天然或人工）的屋顶的主要组成部分，因为大型灌溉供应是不可行的（Snodgrass，2006）。这部分是由于（和坚强的多肉植物相比）这些植物的水分需求较高，而且其根系深度的要求较深。它们也经历休眠期，因此在冬季 / 早春期间几乎没有美感。邓尼特和金斯伯里（Kingsbury）在 2008 年建议在活性屋顶上谨慎使用沙漠一年生植物，主要是为了在多年生植物建立的第一年，在屋顶上覆盖一些植被（更多的是为了公众而不是屋顶）。一年生植物，如地下芽植物鳞茎，通过休眠避免干旱，并在春天和初夏提供强烈的颜色。

植物和材料的侵蚀控制

风和地表水在流过屋顶时会造成侵蚀，从而抑制植物生长，减少水分储存，暴露灌溉管道，并为杂草入侵提供场所。通过从节点或根状茎上生根与生命顶表面结合的植物有助于防止侵蚀。膨胀的水平根系也能稳定生长介质以抵抗地表暴雨水流（Dunnett and Kingsbury，2008）。

在规划阶段，结构和雨水工程师应绘制易受侵蚀的区域。许多设计方案都可以减少风的湍流和集中，包括边缘方向、护栏设计和其他策略。陡峭的屋顶除外，正确设计的生长介质应完全防止表面流动。大型屋顶和具有复杂斜坡的区域的排水通常包括屋顶表面的排水，例如温哥华会议中心（加拿大不列颠哥伦比亚省）或加利福尼亚科学院（旧金山，加利福尼亚州）的活性屋顶。陡峭倾斜的屋顶通常使用生长介质的附加锚固，这些锚固可能是永久性的（塑料和土工格栅）或临时性的（椰棕筐和原木）[4]（参见第 4.6.1 节）。

防腐蚀垫层（通常是椰棕垫，但可以由永久材料制成）可以增加表面对侵蚀的抵抗力。这样做的好处是可以保持不受干扰的暴雨水流，也可以防止鸟类拔掉塞子。也可以使用永久性材料，如石头覆盖层，在最需要关注的地区（例如角落），可以使用铺路石。然而，如果过多地使用，石头覆盖层和铺路石可能会破坏整体的雨水径流保留。作为传统铺路石的一种替代选择，交错相扣的空心混凝土铺路石可以用衬底填充，然后用组织培养或扦插进行种植。当然，这些片区产生的荷载必须纳入屋顶的结构计算。

3.4.2.3 四季的美观性

由于植物的生命周期不断变化，因此需要考虑活性屋顶观赏区域的全年植被景观。景观设计师和 / 或园艺师在选择植物时必须考虑到季节和年份变化过程中"美学"外观（即花、果、叶和茎的颜色，植物生长）的不同状态。如果整体树叶的颜色是棕色、红色和黄色，即使是健康的屋顶也可能从远处看起来是棕色并且死气沉沉。这种影响可能会因使用的覆盖物的颜色而加剧，特别是在植物建立过程中。景天植物屋顶（见第 4.3.4 节）可以显著改变颜色，因为不同种类的花有黄色、白色、粉红色或红色，叶子的颜色从绿色变为红色或紫色。[5] 美学随着视野的近远而变化，也随着观看屋顶的人而变化。

维修的类型和频率也影响屋顶的美观。去除掉枯死的花茎和叶子可以显露出下面新鲜生长的植物。例如，种植规划可以随着春季进展到夏末逐渐显现出更高的花朵。通过这种方式，早花植物衰老后会被后期开花的植物隐藏。[6] 维持使用单一物种或栽培品种建立的种植模式需要去除不合格的植物。更有弹性的模式可以基于水分供应或生长介质深度的变化来支撑植物高度。

3.4.2.4 植物多样性

如今的活性屋顶应该在设计概念阶段考虑生物多样性的目标。植物种类丰富的屋顶对环境的益处也不尽相同，比如对无脊椎动物和脊椎动物生存更为有利的气候（Lee et al.，2014）。如果可能，应指定感兴趣的生物多样性。在大多数气候条件下，吸引本地昆虫或蜜蜂比种植本地植物更容易，特别是对于薄而高度干旱胁迫的屋顶。某些植物物种之所以表现良好，是因为它们在干燥、浅层甚至岩石露头上的自然生长环境（Farrell et al.，2013）。正如法瑞尔（Farrell）等人在 2013 年所警告的那样，只选择耐干旱的植物可能是一个有吸引力的解决方案，但推荐考虑更多样化的植物选择。这一观点得到了广泛的支持，同时，斯蒂芬·布伦尼森博士也是活性屋顶生物多样性的先驱和主要支持者之一。他的研究集中在瑞士巴塞尔的无脊椎动物和植物群落上。

布伦尼森于 2006 年（Brenneisen，2006）的设计已经在英国被伦敦的格奇（Dusty Gedge）于 2003 年、奈杰尔·邓尼特特博士和其他在设菲尔德的人所采用，以鼓励使用有活性屋顶作为增加生物多样性的环境（Dunnett and Kingsbury，2008）。他们的设计建立在布伦尼森的基本原则之上，改变了颗粒大小和化学成分，以及靠近排水设施的距离。格奇（Gedge）和伦敦生物多样性合伙企业的同事们发现，如果在安装前将基质存放在地面上，本地植物和昆虫的生物多样性就会得到增强。提高生物多样性方面的技术应用在许多小型的活性屋顶上得到了证明。常见的技术包括使用当地的植物，以及利用可以留住水、原木、石头或木制部件的设备来增加栖息地的多样性，特别是为了昆虫。然而，正如斯诺德格拉斯和麦金泰尔于 2010 年所提及的，在屋顶上设计栖息地是一项挑战，因为设计师必须对居住在这个空间中的野生动植物有一个全面的了解。此外，每个原生绿色屋顶都是独一无二的（2010）。

一般来说，更高大的绿色草本植物可能被视为更具生物多样性，同时在城市环境中提供视觉缓解方面也是最成功的。正如李（Lee）等人在 2014 年所指出的，将高度和绿色与生物多样性相关联是一种误解。如果一个活性屋顶的主要功能是既提供生物多样性，又提供城市活动空间，那么就有可能选择外貌相似但生物多样性丰富的物种。这项研究表明，由于对某些类型的植被进行分类可能会产生误导，因此必须仔细研究植物的选择，并咨询生态学家，特别是在生物多样性是一个项目目标的情况下。

由于难以确保本地土壤符合规定的排水，雨水滞留和重量特征，并且因其需要密集的早期维护以除去不需要的杂草物种，因此降低了使用当地土壤的价值。因此，当地土壤更常用于小型私人非商业性活性屋顶或作为已种植草皮的一部分。这是另一种情况，在生物多样性是一个目标时，景观设计师或团队负责人应该聘请一名有适当技能的生态学家。

3.4.2.5　本地和外来（非本土）植物

由于全球化的不断加剧，植物物种在世界范围内的迁移越来越多，这给任何的活性屋顶规划团队在为屋顶选择合适的物种上都带来了挑战。在这种情况下更具有挑战性的是区分土著和非土著物种的能力。作者提出了几个设想。

非本地的，也就是外来的植物物种可能提供很少的生物多样性和生境创造。然而，本土植物并不一定意味着它们能更好地提供生物多样性，尤其是如果它们不能在屋顶的较薄的生长介质中茁壮成长的话。植物的选择应取决于活性屋顶的植物设计目标和相关维修制度的保证。然而，考虑植物种类对于生长条件恶劣的屋顶环境的适应性和适宜性更为重要。

最后，水的可用性和生根的深度是任何一种植物能否存活的有力指标。在新西兰奥克兰的试验活性屋顶上，改造条件限制了组装设计，以植物的数量和覆盖来看，浅层（50—70毫米）的非灌溉生长介质仅维持了最初种植的10个本地物种中的1个。另一方面，在同一时间和相同的系统中，各种景天属植物仅在两年后就产生超过85%的覆盖物。没有外界干预，植物的演替是不可避免的。美国密歇根的一项七年研究发现，多肉植物的多样性从最初种植的25个品种下降到只有7个品种。25毫米和50毫米深度生长介质的演替速度比75毫米深度生长介质的演替速度更快。常规维护方案（不可行或不可能），和/或只能安装非常薄的生长介质层的项目（改造项目）最好只使用最顽强的物种，到目前为止，这似乎是指景天属植物。

这种策略不同于迄今为止文献中所提供的信息。例如，邓尼特和金斯伯里等人于2008年提出了两种非本土植物和本土植物的设计方案。在他们提出的一种方案中，本土物种被种植，在大多数情况下，它们对野生动物和生物多样性有好处。第二种策略限制了植物系列，因为它们已经在当地长期种植。（Dunnett and Kingsbury，2008）。这是一个可行的替代方案，因为这些植物将适应当地的气候和土壤条件。这个植物系列将包括来自以下栖息地的植物：山地、高纬度环境、海岸和半沙漠。有关植物选择的其他资料载于第四章。

3.4.3 供应方式：组织培养、扦插、草皮和培植期

活性屋顶生长基质的安装完成时间决定着使用什么样的种植方法，因为它也会影响生长的时间。插条（植物的小块，足够大以发展根）和插头（具有已建立的根系的扦枝）是广泛型活性屋顶最常见和经过测试的种植方法。一般来说，插头的建立时间（大约1—2个月，取决于位置）比扦枝（发生在从春季最后一次霜冻到夏末）要长一些。每个物种都有不同的生长时间，这取决于多种因素，包括位置和区域气候，以及植物的本土或进口分类。如果景观设计师规定了精确的种植模式，那么插头可以比扦枝更精确地分布，因为它们更大。

插枝经常被用来传播预先种植的"草垫"，以达到完全覆盖和即时美观。垫子通常由椰棕或黄麻面料制成，含有一个嵌入式塑料网和少量的生长介质。垫子像地毯或草皮一样被卷起来，可以快速安装。供应可能需要6个月的培植期，但是草垫可以在安装的当天（或几天内）到达现场，因为延长的卷压可能会对植物造成损坏。并不是所有的植物都会从扦枝中繁殖，所以植物的选择应

该被彻底的研究，以确保一个合适的概念设计目的。

苗圃集装箱很少被用到，因为适合在集装箱生长的植物的根系在大多数情况下，对于广泛型活性屋顶上的浅介质深度来说都太深了。在某些情况下，集装箱植物是专门为活性屋顶生长的。这些品种可能是合适的，它们有时也被用于美学目的的亮点植物，或作为城市农业的轻型形式，如食用种植。

草垫和集装箱在屋顶上增加了重量。他们还可能引入不确定的、不需要的生长介质和不需要的种子和植物。交叉污染可以简单地通过将草席的生长介质与屋顶所需的生长介质和种子混合在一起而发生，而后者是由园艺师为活性屋顶特定的气候条件所指定的。草垫和集装箱可能会影响所需的美观，并造成额外的维护负担。

3.4.4　现成的广泛型活性屋顶组件

随着活性屋顶专利市场的扩张，现成的或即将安装的广泛型屋顶组件产品也随之增加。其中一种替代方案是典型的互锁刚性托盘的模块化系统，它将生长介质设置在屋顶防水膜顶部的排水机构。其他形式包括可放置在外部排水层上的天然纤维篮或袋。可生物降解的模块可能需要外部机制将它们固定到位，因为容器的边缘可能会随着时间的推移而分解。

在所有现成的组件中，植物通过预种植方式在组件中生长，在安装后立即提供完全的植被覆盖。对于种植袋，植物将穿过套袋生长。长期来看，互相连接的模块组件可以提供更多的水分（例如，生长介质和植物根系可以吸收相邻模块中的水分）可以维持更健康的植物群落。预先生长的组件可能面对伤害会更具弹性，例如，风力和雨水侵蚀，以及鸟类在尚未形成坚实根的植物下寻找昆虫。

虽然现成系统具备较高的初装成本，但它可以被快速安装。提供即时美感的优势，以及能够交换表现不佳的元素，为规避风险的客户提供了一些保障。现成模块也适合应用于小型改装，因为它们可以被带到楼上和电梯上，并放置在现有的高质量薄膜上。

迄今为止，学术文献中有关现成组件雨水管理绩效的数据相对较少，只要模块化的广泛型屋顶能够连续覆盖屋层，目前假设雨水保留和滞留性就可能与连续的内置式广泛型活性屋顶相当。

无论如何，活性屋顶的设计师应该认可对环境无害的天然材料而不是人工制造材料，以减少组件的能耗。然而，如果预算、时间限制或其他背景因素要求在有限的植物选择和根本没有设计植物之间选择，作者建议采用人工制造材料的解决方案，只要它们符合活性屋顶的设计目标。

3.4.5 园艺师的清单

园艺师在为特定项目的地理位置和建筑选择植物时应注意以下几点：

• 适应恶劣的气候条件，特别是强风和辐射（如果没有遮阴）；

• 耐旱，通过降低对水的需求（如果不经常灌溉）或避免干旱（通过夏季休眠）；

• 为生物多样性和野生动物提供益处；

• 抗病虫害；

• 可接受的维护要求（符合预算和客户期望）；

• 对具有极限根部温度的浅生长介质深度的适应性；

• 接受不肥沃的土壤；

• 展示能接受的美学设计；

• 选择快速生长和寿命长的植物。这些植物应该至少可以在活性屋顶上存活 20 年。

有关活性屋顶种植设计的进一步内容，请参阅第 4.3 节。

3.5 雨量计算

选择怎样的雨量计算方法，通常由相关法规要求和规范来决定。从监管的角度来看，活性屋顶只是雨洪管理的一种可能的手段。为了统一和简化规划和批准过程，通常在监管层面采用单一框架来确定雨水管理措施（SCM）的影响。事实上，关于水资源规划和水文学，美国土木工程师学会（ASCE）任务委员会的一份报告指出：

> 专业实践取决于行政辖区对于实践方法的接受和结果的认可。实际应用需要对特定领域和情况进行"常规"工作，这意味着技术信誉和权威来源。…… 因此，许多日常做法依赖于公认的手册或教科书的权威，而不一定是当前的科学调查或最近的数据。
>
> （霍金斯等，2009：60）

霍金斯等人还认识到，在专业实践或管辖指导中变化进展缓慢。其次，尽管在研究、实践和社区规划方面取得了佳绩，但融入了绿色基础设施（GI）技术的雨水规划方面还面临挑战。

以下部分回顾了监管部门常用的几种雨量计算方法，介绍了活性屋顶如何适用于每一个体系，以及它们各自的好处和局限性。这些方法被雨洪（管理）专业人员用于提交许可证申请，或用于证明符合技术性雨水控制要求，并可能影响活性屋顶项目的建筑和结构设计。虽然在某些情况下，尽管（雨量计算方法）准确性可能由于尚未证明而遭受质疑，但活性屋顶的具体方法应该被视为纳入雨水工程体系的一个起点，以促进其技术有机会在现有雨水工程体系内被采用。随着设计与运营相结合的知识体系通过研究和实践而发展，雨量计算方法可能会进行修改、更新，或引入更好的估计体系。

以下讨论以假定读者熟悉整体框架为前提。它不应被解释为诸如专业实践手册、权威教材抑或规范认可的设计指南之类的独立方法或替代技术参考。

3.5.1　针对单一设计暴雨径流量和连续降雨模拟的设计目标

在雨水系统规划中，工程师使用数学方程来模拟系统设计对性能的影响。设计目标通常需要计算来表明，进行了土地利用规划并引进了雨水控制措施（SCM）的场地，其开发后的雨水径流应该类似于场地开发前或自然条件下的径流，或满足相关限定要求（做到场地径流不增加）。雨水控制措施（SCM）的总数以及每个单独设施的占地规模、形式和下渗装置，都是由需要满足的雨水控制目标和场地现状所决定的。一些最常见的定量水文控制目标包括：

将开发后的峰值流量与特定设计暴雨径流量的前期发展峰值流量相匹配（降雨深度、强度和持续时间的组合）。根据第二章所述的预期受纳水体、财产和生命损失的风险评估，两年一遇、十年一遇、百年一遇的 24 小时降雨量是美国最常见的设计暴雨径流量。缓解峰值流量是传统雨洪管理规划中的主要目标（也许是唯一的目标），在大多数市政或州规章中都能找到。

将开发后径流量与特定设计暴雨的开发前径流量相匹配。这个目标通常在于小（较小）强度的设计暴雨径流量，例如 75%—95% 的降雨，要实现雨水的保留和循环利用。绿色基础设施（GI）在此过程中得到推广。《美国 2007 能源独立和安全条例》第 438 节要求所有至少有 464 平方米新建或改建场地的联邦设施就地蓄留 95% 的设计暴雨径流量。

每次降雨保持某强度（x 毫米）的降雨或径流。在合流制下水道溢流（CSO）的社区中，加装绿色基础设施（GI）旨在于减轻负荷过度的排水管网压力，而不是与开发之前的径流条件相匹配。例如，纽约和费城的绿色雨水基础设施（GSI）规划要求工程系统能够蓄留 25 毫米降雨的径流。

就水质处理而言，目标通常是：

在雨水控制措施（SCM）中，获取水质处理体积（WQV，指用于水质处理的指定设计暴雨径流量）。这里的意图是解决大多数的年降水量，并在雨水控制措施（SCM）中提供足够的时间以消除污染物；尽管可能未指定确切的时间或允许的释放率。水质处理体积（WQV）通常被确定为由 75%—95% 的降雨事件（第 2.2 节）产生的径流量，或者有时简单地给出 12—40 毫米的径流量。

一些行政辖区同时拥有地下水补给的规定，需要维持地下水量（含水层）与设计暴雨径流量方法相一致。由于活性屋顶与地下没有下渗装置的连接，因而活性屋顶不能用来满足地下水补给的要求。

在设计暴雨径流量计算中重要的一点是，被指定重现期的雨水控制措施（SCM）的性能被单独考虑，例如，两年一遇 24 小时的设计暴雨径流量或者水质设计降雨。如果是一年中的时间，这意味着气候条件和（或）雨水管理设施性能的季节性变化，将不被考虑。假定在降雨开始时，活性屋顶是干燥的，或蓄留池是空的，并且有充分的储存能力。实际上，这可能是一个过于乐观的做法，高估了日常的实际蓄留效果，但它仍然是常见的做法。相反，活性屋顶的效果可能会面临不公平的批评，被质疑这种特殊技术在潮湿的天气期间效果较差。进一步使讨论更加复杂的是，有证据显示，根据植物可用水分（PAW）的测算，可以估算出超过植物可用水分（PAW）的降雨平均蓄留水量（法斯曼，西姆科克，2012）。

每个设计暴雨径流量的特征均来源于历史降水模式，但最终的结果是统计聚集形成的一个独特的降雨强度和持续时间的组合，（这种组合在自然中）很少观察到，部分原因是实际事件条件的巨大可变性。在许多情况下，对既定目标的符合程度的论证只需要总的径流深度或峰值流量，而不是降雨结果的时间分布（即径流水文图）。人们已经认识到，使用例如曲线数（CN）或径流系数来确定流量特性的方法，已经在排水设计中成功应用设计暴雨径流量方法数十年（第 3.5.2 节，第 3.5.3 节）。

虽然在当前的实践中并不常见，但人们对于雨水设计的连续模拟的认知有所转向，并越来越多地受到认可。长期干湿交替的连续模拟模型，计算出了相应的蒸散量（ET），也因此计算出了在任何给定降雨事件上，雨水控制措施（SCM）中实际储水能力。可以在各种时间尺度上配置连续模拟，考虑从 1 分钟到 24 小时的任何时间长度，以及对输入数据要求、准确性和解释的后续影响。连续模拟有助于评估定量设计目标，如：

匹配设计暴雨径流量或一系列降雨的径流水文图。这种方法是具有进步意义的，需要考虑峰值流量、体积、持续时间和排放时间。为了在实践中实现这些成果，需要通过采用绿色雨水基础设施（GSI）方法，进行全面和互补的土地利用规划和雨水控制措施（SCM）安装。

在长期的基础上，匹配场地开发前后 95% 的径流量。换言之，最常发生的降雨事件的峰值流量或径流量的发生频率必须相当于场地开发前后长期时间内的降雨状况，而不是每一个孤立的降雨事件。

在比照先前的条件的情况下，统计评估相似强度和持续时间的降雨可能产生的水文响应范围。

与设计暴雨径流量方法相比，通过连续模拟的雨水控制措施（SCM）设计的重大进展在于从理论上更真实地彰显了（雨水控制）系统在一系列气候和降雨条件下的性能，可能带来更具弹性的设计。可以说，很少有（如果有的话）本质上相同的两次降雨，所以模拟中匹配每次降雨事件的水文特征是没有价值的。另一方面，长期而言，在场地开发之前和开发之后，应该合理地模拟类似的峰值流量和体积的耦合发生和幅度的范围，即频谱设计。对雨水设计应用连续模拟的历史挑战一直是缺乏实施或解释连续模拟的工具（软件）和指导，或者易于获得的、位置特定的、具有适当质量和分辨率的历史降水和（或）蒸散量（ET）数据。这种情况正在迅速改变。目前，在可比较的基础上，模拟绿色基础设施雨水控制措施（GI SCMs）的特征或效果仍然是一个重大挑战。

可供公众免费使用的模拟模型和由政府机构支持的模拟模型具有广泛用途。美国陆军工程兵团提供了 HEC-HMS 模型。西雅图公共事业公司代表其实践社区开发并使用了西华盛顿水文模型（WWHM，水文模拟程序 Fortran[HSPF]的本地校准版本）的连续模拟。美国环境保护局（EPA）的雨洪管理模型（SWMM，第 3.5.4 节讨论）可以运行连续模拟。SWMM 和 HSPF 这两种模型在排水设计上具有很长的应用历史，尤其是在管道式雨水管渠的设计方面。在2014 年，美国环保局（EPA）发布了一个名为"国家雨水计算器"的桌面连续模拟工具（www.epa.gov/nrmrl/wswrd/wq/models/swc/）。该工具将 SWMM 与在线数据库相结合，提供特定位置的天气、土壤和地形等基础站点雨水分析以及使用连续模拟规划所需的其他信息。在 WWHM，SWMM 和国家雨水计算器中，最新的发展是关于绿色基础设施雨水控制措施（GI SCMs）的新惯例或假设。尽管理论发展总体上很好，但这些模型的验证，尤其是绿色雨水基础设施（GSI）相关功能的大尺度的实践领域尚处于起步阶段，尽管它是研究的活跃主题。

无论是使用设计暴雨径流量方法还是连续模拟方法，工程师最终都要负责设计假设场景。工程师需要为了可能的条件（例如 95% 降雨）或几个已知的对环境、财产、公共卫生或基础设施有影响的降雨而设计（第 2.2 节），这些都是风险评估和成本效益分析的理想基础。在理想情况下，模型选择应基于项目目标和可用资源（包括数据和时间）提供适当的准确度。另一方面，监管机构通常有权决定所需的方法和最低设计目标。选择使用更先进方法的设计师可能会在审查和许可过程中面临延迟，因为他们使用了"非标准"方法。

3.5.2 "曲线数"方法（TR-55）

也许市政机构批准的计算径流最常见的框架之一是技术发布–55（TR-55），俗称"曲线数"法。TR-55 由美国农业部（USDA 1986）的自然资源保护局（NRCS）[以前称为"土壤养护服务局（SCS）"] 开发。该方法被纳入（美国）国家工程手册——《630 水文》（Part 630 Hydrology），由自然资源保护局（NRCS）定期更新。

霍金斯等人（2009）提供了对曲线数（CN）方法的全面而简洁的分析，以及其在水资源规划中的持续相关性。曲线数（CN）方法或其衍生方法由多地雨洪管理设计手册推荐，其中包括加拿大的艾伯塔省、美国的艾奥瓦州、新泽西州、北卡罗来纳州、新西兰的奥克兰（阿尔伯塔环境保护，1999；奥克兰区域市政局，1999；运输研究中心的研究和教育，2008；新泽西环境保护部，2004；北卡罗来纳赛区水质，2007）。该方法可作为类似 HEC-HMS 和 SWMM 等常用雨水设计方案中模拟产流的一种选择。

TR-55 在监管机构中的普及部分在于简化了给定降雨量的降雨径流（特别是径流量）的合理准确估计的方法（霍金斯等，2009）。该方法引入了曲线数（CN），定量地说明了土地利用、土壤类型和条件与水运动之间的关系，以及由此产生的降雨径流所产生的潜力。在该方法中，计算径流量的一组方程为：

$$Q = \frac{(P - I_a)^2}{S + P - I_a};$$ (3.1)

$$S = \left[\frac{1000}{CN} - 10\right] \times 25.4$$ (3.2)

其中 Q 是每个流域面积的单位径流深度（毫米或英寸），P 是降雨量（毫米或英寸），S 是集水区的最大潜在蓄水量（毫米或英寸），I_a 被认为是产生径流的临界降雨强度（NRCS 2004b：10-5）。在物理上，它包括林冠截留、初始入渗、地表凹陷储存和潜在的蒸散量（ET）（USDA，1986）。方程 3.1 对 P>Ia 的情况下给出的最小阈值的降雨是有效的，否则径流被认为是零。

曲线数（CN）描述了一个旨在设计目的的广义条件，而不是重现特定历史（实际）降雨记录的径流。曲线数（CN）能显示出非冻土的径流潜力；高曲线数（CN）值表示径流潜力高，而低曲线数（CN）值表示径流潜力低。城市土地利用的曲线数（CN）值在 39—98 之间，随着防渗层的增强而增大，并且（或者）随着土壤渗水能力的减弱而增大。流域研究表明，曲线数（CN）值随着降雨强度而变化，但实际上，通常仅应用单一值，因为设计者通常依赖于自然资源保护局提供的信息。曲线数（CN）值是从这样一张表格中选择的，这表格结合了流域状况的描述，包括土地用途、土地的处理或状况以及土壤的特性。

在曲线数（CN）方法的背景下，一个活性屋顶"取代"一个通常描述为CN＝98的不透水表面（未开发的常规屋顶）的径流源区。由于活性屋顶被认为是雨水源头的控制手段，所以迄今为止在某些监管指导文件中，活性屋顶的曲线数（CN）值始终基于与自然表面水文相似性的假定。例如，直到2013年引入了一个活性屋顶设计手册，奥克兰的一般性雨水控制措施（SCM）设计手册为活性屋顶指定CN＝61（奥克兰地区委员会 [ARC]，2003），相当于水文土壤B组土壤的"良好开放空间"（USDA，1986）。密歇根州低影响开发（LID）手册建议，如果设计降雨事件是活性屋顶生长介质的蓄水能力的三倍，对于广泛型活性屋顶，CN＝65。对于更大设计暴雨径流量的曲线数（CN）值，是没有给定的。

国家工程手册指出，建立曲线数（CN）的最可靠手段是通过对暴雨和径流数据的分析，而美国土木工程师学会（ASCE）测试了确定降雨径流数据集的曲线数（CN）的几种方法。近年来，研究人员一直在通过研发促进活性屋顶性能表征不断提升。尽管与美国土木工程师学会（ASCE）引用的数据相比，数据点的数量相对较少，但仍然有机会根据观察到的数据，开展评估活性屋顶的潜在曲线数（CN）的工作。

很少有发表的研究根据实证数据估算活性屋顶的曲线数（CN）值。卡特和拉斯穆森采用基于TR-55的回归程序，得出了佐治亚一个活性屋顶的曲线数（CN）值为86。在密歇根州，盖特等分别以2%、7%、15%和25%的斜率计算出生命屋面试验地块的曲线数（CN）值为84、87、89和90。基于实验室的模拟降雨事件和深度范围约25—100厘米的原型活性屋顶，阿尔弗雷多等确定了92—95的曲线数（CN）范围。

霍金斯最近的意见中提出了另一种确定曲线数（CN）的方法。法斯曼－贝克等（准备中）编制了来源于22个文献和一些未发表的数据，从而按照霍金斯给出的方法来计算曲线数（CN）。数据来源于各地的广泛型活性屋顶，主要来自美国，包括纽约、伊利诺伊、宾夕法尼亚、北卡罗来纳、佐治亚、密歇根和俄勒冈等州，还有来自新西兰的奥克兰、加拿大的多伦多、英国的设菲尔德和意大利的热那亚的数据。在许多情况下，每个城市或州都有多个广泛型活性屋顶被监测着。以上所有的地点都是利用自然降雨进行实地研究，而活性屋顶的测算面积包含从试验面积或花园规模实验（1—4平方米）到全尺寸屋顶（约40—7000平方米）的各种规模大小。受监测屋顶坡度范围从"平面"到10%坡度变化，另一个案例的坡度是25%。并且包括一个预先制作的模块化托盘系统。完整的场地描述和许多数据集都在以下研究者的研究中获得：贝格奇等（Berghage et al.，2010）、卡朋特和伊森伯格、卡朋特和卡卢瓦科兰、卡特与拉斯穆森、法斯曼–贝克等、哈撒韦等（Hathaway et al. 2008）、霍夫曼等、哈钦森等、库尔茨等、帕拉等、斯托文等。研究人员为俄勒冈州波特兰和宾夕法尼亚州维拉诺瓦的活性屋顶场地提供了曲线数（CN）和径流系数分析的额外的或以前未发表的数据。

　　计算出来的曲线数（CN）值是根据库珀·盖革（Köppen Geiger）气候带进行组织的。由于以下几个原因，建议在使用所得的曲线数（CN）时要特别小心。表3.3总结了每个气候区的平均结果，但恰如标准差所展现的，各个场地之间的结果各不相同。这可能反映了屋顶配置的差异以及（或者）在各个气候区域内可能会观察到的气候的显著差异。例如，斯托文等使用经过验证的水文模型来证明在英国（Cfb气候区）四个地点之间，相同的广泛型屋顶配置的雨水蓄留性能差异很大。考虑到监测文献中的特殊蓄留性能证据，表3.3中提供的平均曲线数（CN）有点惊人的高。可用的屋顶数据相对有限；只有（顶多）几个活性屋顶能代表每个气候区（Cfb气候区除外）。最重要的是，许多个别案例仅能提供以小型降雨事件为主的相对较小的数据集。我们已经观察到，曲线数（CN）方法本身对于降水量小于12.5毫米降雨来说不太准确（USDA，1986）。来自相对较大降雨事件的径流数据应该是曲线数（CN）计算的重点。霍金斯得出的结论是，曲线数（CN）值应该是从足够大的降雨事件来确定的，需满足等式3.1和3.2中的降水量（P）至少大于储存量（S）的0.46倍。事实上，霍金斯等人直接观察到由降雨量较小而引起曲线数（CN）值升高的可能性。如2.1节所述，大部分降雨在一定范围的气候条件下产生的雨量相对较少，从而将活性屋顶数据集偏移到小型降雨的表现上。相对较短的监测规划（大多数是几个月，也许在一个季度内，或者大约一年）进一步加剧了对数据的限制，这是最受经费限制的后果。考虑到现有的数据集，表3.3中用于确定曲线数（CN）值的降雨已经小至2毫米（热那亚为8毫米除外），大多数降雨事件都小于12.5毫米；因此平均曲线数（CN）值可能过于保守。

　　另一个潜在的限制来自Ia的假设。方程3.1和方程3.2部分地取决于初始提取临界值（Ia）与径流开始后的最大雨水蓄留量（即储存量，S）之间的假设关系。国家工程手册指出，Ia＝0.2S的经验关系为50%的数据提供了最佳拟合。这种关系成为TR-55中的程序性步骤和基本假设，并且在自然资源保护局（NRCS，2004a）中对于农业或城市地区应用曲线数（CN）仍然保持一致的指导。自然资源保护局（NRCS）表示对于不适用Ia＝0.2S这一关系的区域，（对等式3.1而言）应该导出替代性的关系。霍金斯提供了令人信服的证据，即Ia＝0.05S，

库珀·盖革气候带[a]	数据来源 （被监控的活性屋顶数量）	P/S>0.46的每个场地 的数据百分比	平均曲线数（CN）值 （标准偏差）
Cfa	纽约州 纽约市（2） 宾夕法尼亚州 维拉诺瓦（1）	52, 45 45	92（2）
Cfb	北卡罗来纳州 罗利（1） 北卡罗来纳州 金斯顿（1） 北卡罗来纳州 金斯伯勒（1） 希腊 雅典（1）[b] 英国设菲尔德（1） 新西兰 奥克兰（4）	52 72 64 35 71 16, 28, 52, 18	90（3）
Csa	意大利 热那亚（1）	100	93
Csb	俄勒冈州 波特兰（2）	37, 14	79（13）
Dfa	伊利诺伊州 芝加哥（1） 宾夕法尼亚州立学院（1） 密歇根州 南菲尔德（1） 密歇根州 布朗斯敦（1） 加拿大安大略省 多伦多（1）	9 27 52 70 57	90（6）
Dfb	密歇根州 东兰辛（4）	n/a[c]	88（3）
Dfa / Cfa[d]	宾夕法尼亚州 匹兹堡（1）	92	96

注：

a　第一个字母（首字母）表示主要气候（C＝暖温带，D＝亚寒带），第二个字母表示降水（f＝完全潮湿，s＝夏季干燥），
第三个字母表示温度（a＝炎热的夏天；b＝温暖的夏天；c＝凉爽的夏天）。

b　为了一致的比较，本文使用霍金斯等人的方法计算希腊雅典的曲线数（CN）值。卡特和拉斯穆森对这个场地使用了不同
的方法，导致CN＝86。

c　此处曲线数（CN）值由盖特等人使用卡特和拉斯穆森提供的方法直接确定。原始数据无法在此重新计算。

d　匹兹堡的特点是多个气候区。只有12次降雨事件为本场地的曲线数（CN）值计算作出贡献。

并继续计算所有土地用途的新曲线数（CN）。在任何一种情况下，来自活性屋
顶的 Ia 可能会明显趋向更大。事实上，表 3.3 中反馈最高曲线数（CN）值结
果的站点的经验表明，实地测量的 Ia（在生成径流之前所需的降雨量）是从
6—10 毫米；而计算出的 Ia 在 2—6 毫米时明显偏小。尽管如此，为了一致地
应用给定场地或汇水区的曲线数（CN）方法，所有表面的曲线数（CN）必须
从 Ia 的一致假设得出。对于表 3.3 所示的每个站点计算的曲线数（CN），假定
Ia＝0.2S，以便与使用 TR-55 的大多数现有的地方雨水设计指南保持一致。

　　来自这些和其他研究的充分证据表明，无论气候条件如何，都有一个最低
阈值，低于此范围的降雨在广泛型活性屋顶上不会产生径流。对来自表 3.3 的

16 个站点的数据的更详细的检验表明，不管活性屋顶配置如何，纽约市、芝加哥（两个屋顶）、维拉诺瓦、北卡罗来纳州（三个屋顶）或波特兰（两个屋顶）的屋顶通常不会产生有意义的径流量（超过几毫米），除非是降水量大于20—25 毫米的降雨。这应该在相关规划中得到承认。简而言之，在规划要求使用曲线数（CN）方法时，建议使用如下阶跃方程：

- 径流量＝0（即 CN≤1）其中：

$$P \leq S_w$$

$$S_w = D_{LR} \times PAW$$

$$S_w \leq 20 \text{ to } 25\text{mm}$$

- 对于较大的降雨事件或超过实际水分储存能力（Sw）的降雨事件，径流量是用最大 CN＝85 来确定的。尽管表 3.3 中已经有计算值，但基于曲线数（CN）方法和本文所述的可用数据的限制，建议将 CN＝85 作为任何情况下的最大临界值。

其中 P＝设计暴雨径流量深度（毫米），Sw＝生长介质中每单位面积最大储水量（毫米），DLR＝生长介质深度（毫米），PAW＝植物可用水分（百分比）（参见第 2.4 节）。相关计算在第 4.1 节更详细地探讨。经验证据表明，到一定程度，进一步增加的介质深度（DLR）并不会导致储水量（Sw）的增加，或说并不导致产流临界值的增大。

在设计需要全流量水文图（流速对应时间）的应用中，刚刚描述的过程可能会进一步导致偏离活性屋顶水文的真实情况。单位水文图表示汇水区内降水单位输入（1 厘米或 1 英寸）的基础水文响应，是大多数径流建模计算的基本要素。在大多数应用中（例如，在 HEC-HMS 中），单位水文图的广义形式可用于对整个流域径流水文图的操纵；然而，这些结论来自对各种自然土地利用的径流研究。由于活性屋顶系统的组成和雨水通过系统的流动路径与地面上降雨的差别很大，所以现有的广义水文图模型被认为是无效的转换。目前，仅有一项研究试图导出一个活性屋顶特定的单位水文图。

总而言之，应该谨慎地处理曲线数（CN）方法对活性屋顶系统的应用。曲线数（CN）方法只能在监管机构坚持使用的情况下才能使用。同样，这里提出的建议是提供实施的起点。对于规划的目的，建议使用更为宽松的曲线数（CN）值，以认可结果的可变性，以及活性屋顶在雨水控制之外所提供的广泛好处。对于活性屋顶曲线数（CN）值至关重要的是，对于降雨量小于生长介质的实验室测量的持水量（第 4.1.3 节）的情况下，假定径流等于零（即 CN≤1）的断言。

3.5.3 有理式

推理法广泛用于预测城市排水系统设计中的峰值径流速率。这种方法最常见于爱尔兰的玛瓦尼（Mulvaney，1851）的相关研究。这是一个简单的经验公式，将峰值流量与排水面积、降雨强度和径流系数相关联。以公制为单位，有理式为：

$$Q_p = 0.0028CiA \tag{3.3}$$

其中 Q_p 是峰值径流量（m^3/s），C 是径流系数，i 是持续时间等于集水时间的降雨发生的恒定降雨强度（mm/h），A 是有效面积（km^2）。在美制单位中，0.0028 的系数将被去掉，其他单位为 Q_p（ft^3/s）、i（in/h）、A（英亩）。

"径流系数"的定义为在单位时间内径流与降雨的比率。在大多数水文教材中，径流系数是在年度、季度，或者某个降雨事件的基础上，总径流量与总降雨量（C_v）的比值。在一些当地的设计手册和学术文献中，以具体降雨事件为基础，将径流系数视为峰值径流与降雨强度（C_p）的比值。在任何一种情况下，径流系数的值在实践中可能因事而异，但这在设计过程中很少得到满足。与曲线数（CN）方法类似，假设径流系数的值受到土地利用、土壤条件、坡度等因素的共同影响。有些管辖区认可径流系数为某个固定值。其他设计手册和教材，如科罗拉多州的城市排水标准手册（uDFCD 在线）和库伊，建议根据降雨强度或土壤类型（具体涉及土壤的渗透潜力），或同时依据以上两者，在公式内增加相应的径流系数值。

以上有理公式主要用于调整排水系统的元件，如入口和涵洞。这个公式的使用仅限于预测峰值流量，因此可用于评估径流滞留情况。该公式适用于当设计仅需要大致的水平衡的时候，但并不适用于当设计需要精确的全部径流水文图或总降雨量的情况。在旧的水文教材和设计手册中，可以找到将该公式中的峰值流量转换为径流水文图（修正推理法）的数学计算方法；然而，目前广泛使用的是更为精密的计算方法。在任何情况下，降雨事件的总径流量，都不能通过将公式中峰值流量 Q_p 与降雨持续时间做乘法的方式来简单地预测。

德国景观研究与开发建设协会（FLL，2008）根据不断增加的生长介质深度和屋顶坡度提供了一系列 C_v 数据。FLL 的 C_v 值是在接受着恒定降雨强度的小地块上确定的，而恒定降雨强度与推理法的基本假设一致。FLL 的测试程序假定临界降雨持续时间为 15 分钟。为了确定 C_v 值，FLL 测试程序要求介质饱和并排干（超过 24 小时）以建立初始条件。FLL 明确指出，C_v 值主要用于与市政污水系统设计相一致的垂直排水管道的定径功能，这与量化径流模数的职能不一定相同。

来源	降雨	活性屋顶的规模和坡度	生长介质厚度（mm）	C_p
德卡普等人（2005）	比利时，250年一遇的15分钟时间间隔的降雨	地块：多个7.5m² 坡度：2%	20 40 50 65 80	0.87 0.89 & 0.92 0.53 0.96 0.57 & 0.9
阿尔弗雷多等人（2010）	纽约，5年一遇的6分钟时间间隔的降雨	地块：0.74m² 坡度：2%	25 63 101	0.53 0.39 0.21
莫兰等人（2005）	现场测量，降雨量P>38mm的10次降雨	70m² 坡度：0%	75	0.50（10次测量结果的平均值）
卡朋特和卡卢瓦科兰（2011）	现场测量，降雨量P在4—75mm之间的21次降雨	325.2m² 坡度：4%	102	0.11

表 3.4 展示了在模拟恒定强度降雨下，活性屋顶场地的 C_p 研究结果。模拟降雨强度的选择对结果有显著影响。阿尔弗雷多等人通过模拟纽约五年一遇的 6 分钟时间间隔的降雨而证实，随着生长介质的加深，C_p 值随之降低。在类似的大小测试地块中，德卡普等人发现比利时模拟的 250 年一遇的 15 分钟时间间隔的降雨的径流系数要高得多。C_p 的变化被归因于生长介质厚度、类型和（或）排水层的变化。在模拟条件下的测试场地被认为在解释现场条件下的降雨方面作用有限。

对第 3.6.2 节和表 3.3 中提及的 21 个活性屋顶的研究进行了理性容量公式系数（C_v）的核查。15 个站点的经验数据表明，C_v 随着降雨强度的增加而增加，因此可以使用非线性回归技术，探索并预测这些场地中 P 和 C_v 之间的关系（法斯曼 – 贝克等人正在筹备中）。根据图 3.7 的库珀·盖革气候带将结果组织成多个曲线。由标准偏差证明，预测的 C_v 值存在很大变化，因为总体来说可采集数据的场地相对较少，并且存在各种影响日常活性屋顶水文反应的因素（先天条件、降雨等气候条件、生长介质的持水能力、降雨开始时的含水量、植被活力和密度等）。考虑到回归结果与标准偏差，模型似乎合理预测了经验观察，以生成一般径流系数。回归模型符合经验观察的结果，径流大幅度减少，即使在许多气候区域的大型降雨事件中，当把 C_v 代入有理公式中计算时，同样可以反映出峰值流量的降低。

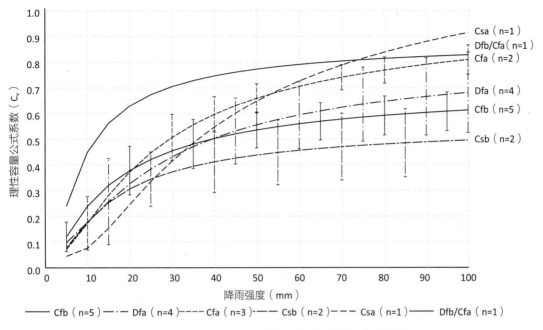

代表每个标准偏差的垂直线条，仅仅是为了图形的清晰度而间断性地显示

图 3.7
根据库珀·盖革气候带组织的来自美国、加拿大、意大利、英国和新西兰的 15 个活性屋顶研究确定的有理式雨量径流系数

尽管在平均站点数据中出现了合理的回归模型，但必须承认站点与站点之间的重要变化。同时，多伦多、设菲尔德、罗利、戈尔茨伯勒或奥克兰（一个场地）的活性屋顶案例中，并没有符合标准的回归模型。如像所预期的那样，将以上平均回归结果与这些单独的场地数据进行比较，那么径流系数根本不具有性能的代表性。

旨在排水设计的简化水文模型的设计暴雨径流量方法不能表现出性能可变性。推理法无法用来描述类似活性屋顶这种复杂系统的性能。同样与表 3.3 中的曲线数（CN）类似，图 3.7 中提供的 C_v 值仅作为起点，以便在监管机构主要依赖于有理公式的情况下来实现。

3.5.4 美国环境保护署暴雨管理模型（SWMM）

美国环境保护署暴雨管理模型（SWMM）是最广泛使用的雨水模型之一。它是一个开源模型，可从美国环保署网站免费下载。它可以应用于单一降雨事件或连续模拟实验。20 世纪 70 年代首先引入的 SWMM 模型，使得场地能够进行流域尺度的模拟，包括地表流动路径、地表径流、降雨和合流制下水道、各种常规雨水控制措施（SCM）等。虽然 SWMM 主要用作水文建模工具，但也具有水质模拟功能。SWMM 模型提供了一系列的水文建模选项。换句话说，为了生成径流等级水文图或管网排放水文图，用户可以不限于径流系数，而是

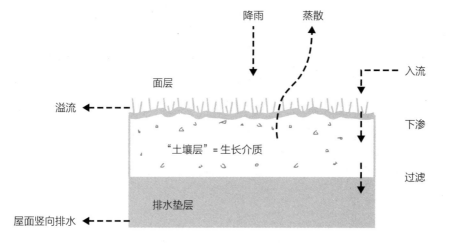

降雨　　蒸散

面层

溢流 ←······

入流

"土壤层" = 生长介质

下渗

过滤

排水垫层

屋面竖向排水 ←······

图 3.8
活性屋顶在 SWMM
5.1（暴雨洪水管理
模型 5.1）中的概
念表征

可以选择更复杂的理论或经验模型来处理径流产生和转运过程。2010 年，绿色基础设施技术被明确引进了模型算法，随后在 2014 年推出 SWMM 5.1 修订版本。

在 SWMM 5.1 中，活性屋顶被认为是一个分层系统，包括表层、"土壤"（生长介质）层和排水"垫层"（根据本书中的术语将被视为排水层）（图 3.8）。用户必须输入用于描述屋顶（坡度）、排水垫层（厚度、空隙率和粗糙度）和生长介质的技术信息。其中，描述生长介质需要大量的技术信息。

SWMM 5.1 根据 Green-Ampt 渗透模型，假设水分在生长介质中垂直移动。Green-Ampt 渗透理论应用于活性屋顶系统的相对优点在第二章中讨论。生长介质的数据需要包括：深度（允许范围 75—150 毫米）、孔隙度、田间持水量、萎蔫点、水力传导系数和吸头。这些数据是对于特定生长介质中使用的特定产品而测定的。他们的数值将在不同的生长介质构成之间改变。理想情况下，越来越多的生长介质供应商将提供这种技术信息。如果未提供，则应在实验室进行测量。由于工程介质的物理特性与天然土壤显著不同，因而活性屋顶参数不能照搬自然土壤的研究文献中的参数。

在理论上，SWMM 假设在产生径流之前介质的水分含量必须超过场地容量，这样径流才能被排入排水垫层；而在最大程度上，生长介质只会因前后两次降雨之间的蒸散作用（ET）而干燥。超过田间持水量的降雨量最终会通过排水垫层排放，然后排放到屋顶的竖向排水系统（例如沟槽和下水道）。

其他需要输入的数据还包括气候条件。对于设计暴雨径流量模拟，只需要一个降水强度和（或）雨量分布图。对于连续模拟，需要长期的历史降水记录或衍生的降水模式，理想情况是在 1 小时或更短的时间间隔的雨强记录。蒸散量（ET）也是必须设定的一种参数；往往可以从当地的气象站获得。来自气象站记录的蒸散量（ET）通常是从气候条件和一个或多个模型（如 Penman-Monteith）计算的潜在蒸散量（ET），而不是直接测量得出的。在 SWMM 中，用户可以直接设定的蒸散量（ET）速率。如第二章所述，活性屋顶蒸散量（ET）受到生长介质中可用水分的显著影响，使得活性屋顶蒸散量（ET）可能与模型预测的潜在蒸散（ET）有着显著的不同。蒸散量（ET）的计算方法已被证明会影响水文模型对每次降雨的蓄留量的预测，但似乎对长期的水平衡的净效应影响并不显著。

当连续模拟运行时，SWMM 输出内容包括用于各个降雨事件的径流水文图，以及流量或体积频谱曲线（图 2.3）。连续模拟可以考虑到广泛气候因素的性能表征，并代入不同的水文响应。使用 SWMM 等水文模型的另外一个好处就是能够将活性屋顶与其他雨水控制设施（SCM）一起集成到更大的场地或流域尺度模型中。

许多研究人员目前正在研究验证 SWMM 5.1 绿色基础设施雨水控制设施（GI SCM）模拟的准确性。使用早期版本的 SWMM 所获得的一些研究的结论不一定适用于 5.1 版本，因为模型中的算法是不同的。然而，SWMM 拥有悠久而成功的历史，具有广泛的用户参与度和可公开访问的在线服务器。

3.5.5 美国国家雨水计算器

美国国家雨水计算器是由美国环保局（US EPA）于 2014 年公布的。计算器背后的主要引擎是 SWMM 5，但是在建立和运行连续模拟的过程中做了许多功能简化。该模型与在线数据库集成，以获得当地气候（降雨和蒸散量）、土壤和地形信息，以自动满足 SWMM 的许多输入数据要求。关于场地布局的细节需要由用户提供，但是已经扩展到相对通用的参数化，例如每种土地利用类型在场地总面积的占比，以及由特定雨水管理设施，包括绿色基础设施雨水管理设施（GI SCM），给定的土地利用类型比例。其用户手册建议该模型适用于具有均匀土壤条件，平均尺寸达数十英亩的小型场地的分析。

为一般性活性屋顶系统组件的所有组件提供默认设置。用户仅可修改生长介质的深度及其饱和导水率。该模型假定生长介质孔隙度为 45%，这是不可修改的，但是说明书表示该模型对孔隙度值不是很敏感。

虽然该模型以 15 分钟为增量计算水文，但是集中输出每日统计的（而不是按照每次降雨统计）峰值流量或体积频谱曲线。它还提供了极端降雨事件中的行为分析，并受到若干气候情景变化的影响。

再有，诸如国家雨水计算器这类工具的益处是执行连续模拟的能力，这在理论上根据一系列条件下使其表现出更实际的性能表征。它不仅在可以建筑规模上模拟活性屋顶，而且还可以与其他雨水控制设置一起集成到更广泛的场地或汇水区设计中。作为一个新模式，目前还没有任何公开的研究涉及国家雨水计算器专门用于活性屋顶的校准或验证。

3.5.6 讨论：雨水模型

曲线数（CN）方法和推理法是水文响应的简化估算方法，但在排水设计中具有成熟的历史。支撑其方法的物理假设不能反映水文复杂的系统，如活性屋顶。实际上，活性屋顶是经过严格设计的伪渗透系统，具有有限的存储容量，并且没有物理性连接直达地面。值得重申的是，曲线数方法和推理法旨在用于设计满足第 3.1.1 节所述的雨水控制目标，而不是重新创建历史性降雨。

能够连续模拟的水文模型理论上通过考虑可变气候条件及其对活性屋顶的影响，即在每次降雨事件开始时，通过考虑生长介质的植物可用水量可以提供更逼真的雨水系统响应图。他们还为性能评估提供了合理的格式；例如径流量或峰值流量的频谱曲线（图 2.3）有助于展示雨水控制措施（SCM）如何模拟一系列流量和气候条件，而不是针对某个孤立设计暴雨径流量（可能不会发生在自然界）进行性能评估。诸如 SWMM 5.1、国家雨水计算器和 WWHM 等模型在雨水建模方面展现出显著的进步。然而，迄今为止，在模拟雨水在活性屋顶生长介质中流动的模型中，没有一种模型的算法得到了观测数据广泛的验证。同样，关于每两次降雨之间的蒸散量（ET）的假设影响模型输出也没有得到广泛验证。因此，虽然理论发展是健全的，并且已经被天然土壤证明，但是对于活性屋顶应用来说，准确性还不得而知。

还有其他软件包可以模拟多孔介质的水流，这些软件包已被用于建筑规模的活性屋顶性能模型，如第 2.7 节所述。这些软件包括 HYDRUS 1D 和 SWMS_2D，并且已经由西腾和帕劳等人成功校准和验证。根据理查德方程和复杂分布，这两种模型均包含饱和和不饱和流动过程，可作为连续模拟运行。它们可能潜在地使得个别降雨事件的水文图具有优异表征，并且能够对生长介质水分特征的变化进行预测，但在模型制定中的成本很高。同样，研究人员已经使用非线性水库路线概念、土壤水分平衡、耦合蓄留缺陷函数创建并实地验证了其他简单的一维模型。郭等（2014）提出了一个分析概率模型，但没有对其开展现场观察的验证。在场地雨水规划和许可方面，需要额外的工作将这些模型的结果整合到更广泛的场地开发水文模拟中。

对活性屋顶水文的影响因素以及用数学模型模拟储水性能，这两方面仍有很大的研究空间和潜力。将新模式整合到常规做法中的可行性可能受到以下方面的控制：项目规模、现有设计顾问的时间、最终是否顺利被审查部门接受。最后，满足监管机构最低雨水性能标准的设计，很可能并不是长期以来植物或生物多样性目标的最佳组件。

常用于活性屋顶的水文模型总结 表3.5

模型	预测活性屋顶水文的基本方法	优势	局限
TR-55曲线系数法	用活性屋顶"替代"通常CN＝98的未开发的常规屋顶	• 易于应用，手动计算和电子表格均可，并且可以集成到各种软件包中 • 许可机构广泛接受 • 具有在SWMM或HEC-HMS等软件中设计降雨或连续模拟的潜力	• 仅有有限的数据可用于开发稳定的曲线数（CN）值 • 无法重建测量的排放水文图 • 使用单个曲线数（CN）并不能显示活性屋顶性能的日常变化 • 通常用于将径流深度（体积）变换为水文图的单位水文方法在此并不适用
有理式法	用活性屋顶"替代"通常$C_v \geq 0.9$的未开发的常规屋顶	• 易于应用，手动计算和电子表格均可，并且可以集成到各种软件包中 • 许可机构广泛接受	• 仅有有限的数据可用于开发稳定的径流系数（C_v） • 无法重建测量的排放水文图 • 无法应用于确定径流量 • 通常仅适用于设计降雨
美国环保署的SWMM 5.1模型	使用Green-Ampt渗透模型模拟通过活性屋顶的水运动	• 活性屋顶可以在建筑规模上建模，或者集成到更广泛的场地或流域尺度模拟中 • 能够作为设计降雨或连续模拟运行 • 开源代码，免费提供的模型	• 建立和运行模型需要大量重要数据输入 • 活性屋顶应用的准确性尚未得到验证
（美国）国家雨水计算器	使用Green-Ampt渗透模型模拟通过活性屋顶的水运动	• 活性屋顶可以在建筑规模上建模，或者集成到更广泛的场地或流域尺度模拟中 • 连续模拟模型 • 免费提供 • 可以链接到在线数据库，以根据项目位置自动填充许多数据字段	• 仅适用于美国 • 活性屋顶应用的准确性尚未得到验证 • 场地设置选项较少，场地配置的细节少于SWMM 5.1
HYDRUS	通过使用理查德方程在不断变化的饱和条件下模拟通过生长介质的水分运动	• 已经对几个活性屋顶进行了精确度校准和验证 • 应用降雨或连续模拟的潜力	• 限于建筑规模应用 • 建立和运行模型需要重要的技术细节

注释

1. 城市屋顶风力涡轮机的问题包括效率低下、噪声大、不美观（达顿等人，2005；威尔逊，2009）。
2. 直根植物的问题在于其又深又长的垂直根系很难拔除。
3. 更全面的讨论，请参阅斯诺德格拉斯和麦金太尔的研究（Snodgrass and McIntyre，2010）。
4. 如果考虑塑料的嵌入式环境足迹和生命周期评估，有理由反对这些材料在活性屋顶组件中的使用。塑料的制造过程通常会危害环境，并且不可生物降解。虽然作者不鼓励使用塑料，但我们认为，在这个应用和时间中，塑料提供了最佳的解决方案——在许多情况下，塑料部件的活性屋顶比没有塑料的屋顶要好。这是在历史上一直有争议的问题，值得从业者和研究人员进一步讨论和考虑。
5. 斯诺德格拉斯和麦金太尔（Snodgrass and McIntyre，2010）显示了马里兰州广泛型活性屋顶的每月变化。
6. 有关季节性和植物选择对活性屋顶美观程度影响的更多信息，请参见邓尼特和金斯伯里的研究（Dunnett and Kingsbury，2008）。
7. 美国土木工程师学会（ASCE）对《国家工程手册第630部分》中美国农业部（USDA，1986）的方法和持续建议进行了深入调查（Hawkins et al.2009）。美国土木工程师学会（ASCE）对国家工程手册（NEH）的优点和局限性提供了深刻的建议，并提供了实际的解决方案，用于通过重大研究支持，从各种可能的数据集合中确定曲线数（CN）值。
8. 世界气候区域地图详见 http://koeppen-geiger.vuwien.ac.at/，它们来源于考特克等（Kottek et al. 2006）以及鲁贝尔和考特克（Rubel and Kottek，2010）。
9. 《国家工程手册》第十章提醒用户"雨量径流数据不完全符合曲线数径流概念"（NRCS 2004b：10-5）。

参考文献

*   Abrams, G. (2009) *Stormwater Mitigation Issues and Strategies*, presented at Sustainable Communities Conference, Dallas. Available at: www.cleanairinfo.com/sustainable skylines/documents/Presentations/Track%205/Session%204%20-%20 Stormwater%20 Mitigation%20Issues%20and%20Strategies%20Part%201/02-GLE~1.pdf (accessed November 29, 2010).
*   Alberta Environmental Protection (1999). *Stormwater Management Guidelines for the Province of Alberta*. Edmonton: Alberta Environmental Protection. Available at: http://environment.gov.ab.ca/info/library/6786.pdf (accessed May 2008).
*   Alfredo, K., Montalto, F. and Goldstein, A. (2010). Observed and Modeled Performances of Prototype Green Roof Test Plots Subjected to Simulated Low- and High-Intensity Precipitations in a Laboratory Experiment. *Journal of Hydrologic Engineering*, 15(6): 444–457.
*   American Society for Testing and Materials (ASTM) (2008) *Standard Guide for Selection, Installation, and Maintenance of Plants for Green Roof Systems*. E2400-06. Pennsylvania: West Conchohocken.

- ANSI/SPRI RP-14 (2010). Wind Design Standard for Vegetative Roofing Systems, Approved 6/3/2010. Waltham, MA: SPRI.
- Auckland Regional Council (ARC) (1999). Guidelines for Stormwater Runoff Modelling in the Auckland Region. Prepared by Beca Carter Hollings & Ferner Ltd for Auckland Regional Council. Auckland Regional Council Technical Publication No. 108. Available at: www.aucklandcouncil.govt.nz/EN/planspoliciesprojects/reports/technicalpublications/Pages/technicalpublications51-100.aspx (accessed October 2014).
- Auckland Regional Council (ARC) (2003). Stormwater Management Devices: Design Guidelines Manual. Technical Publication 10. Available at: www.aucklandcouncil. govt. nz/EN/planspoliciesprojects/reports/technicalpublications/Pages/home.aspx (accessed September 1, 2013).
- Bedient, P., Huber, W. and Vieux, B. (2013). *Hydrology and Floodplain Analysis*. 5th edn. New Jersey: Pearson Publishing.
- Bengtsson, L. (2005). Peak Flows from a Thin Sedum-Moss Roof. *Nordic Hydrology*, 36 (3): 269–280.
- Berghage, R., Miller, C., Bass, B., Moseley, D. and Weeks, K. (2010). Stormwater Runoff from a Large Commercial Roof in Chicago. Cities Alive! Eighth Annual Green Roof and Wall Conference. November 30–December 3, 2010.
- Blake, R., Grimm, A., Ichinose, T., Horton, R., Gaffin, S., Jiong. S., Bader, D. and Cecil, L.D. (2011). Urban Climate: Processes, Trends, and Projections. Climate Change and Cities: First Assessment Report of the Urban Climate Change Research Network, C. Brenneisen, S. (2006). Space for U rban Wildlife: Designing Green Roofs as Habitats in Switzerland. *Urban Habitats*, 4: 27–36.
- Burszta-Adamiak, E. and Mrowiec, M. (2013). Modelling of Green Roofs' Hydrologic Performance using EPA's SWMM. *Water Science & Technology*, 68 (1): 36–42.
- Carpenter, D.D. and Isenberg, S. (2012). Brownstown Middle School Green Roof Performance and Education Project. Poster presented at the Mid-Atlantic Green Roof Symposium, U niversity of Maryland, College Park, MD, August 16–17.
- Carpenter, D.D. and Kaluvakolanu, P. (2011). Effect of Roof Surface Type on Storm-Water Runoff from Full-Scale Roofs in a Temperate Climate. *Journal of Irrigation and Drainage Engineering*, 137: 161–169.
- Carson, T.B., Marasco, D.E., Culligan, P.J. and McGillis, W.R. (2013). Hydrological Performance of Extensive Green Roofs in New York City: Observations and Multi-Year Modeling of Three Full-Scale Systems. *Environmental Research Letters*, 8 (2).
- Carter, T.L. and Rasmussen, T.C. (2006). Hydrologic Behavior of Vegetated Roofs. *Journal of the American Water Resources Association*, 42 (5): 1261–1274.
- Caruso, T. and Facteau, E. (2011). Seeing Green: The Value of Urban Farms. Available at: www.kickstarter.com/projects/stormwatermasters/seeing-green-the-value-of-urbanfarms (accessed December 23, 2012).
- Center for Transportation Research and Education (CTRE) (2008). *Iowa Stormwater Management Manual*. Ames: Iowa State University. Available at: www.ctre.iastate. edu/PUBS/stormwater/index.cfm (accessed February 2010).
- City of New York (2012). NYC Green Infrastructure 2012 Annual Report. NYC Department of Environmental Protection. Available at: www.nyc.gov/html/dep/html/stormwater/nyc_green_infrastructure_plan shtml (accessed October 2014).

- DeCuyper, K., Dinne, K. and Van de Vel, L. (2005). Rainwater Discharge from Green Roofs. *Plumbing Systems and Design*, November/December: 10–15.

- DiGiovanni, K., Montalto, F., Gaffin, S. and Rosenzweig, C. (2013). Applicability of Classical Predictive Equations for the Estimation of Evapotranspiration from Urban Green Spaces: Green Roof Results. *Journal of Hydrologic Engineering*, 18 (1): 99–107.

- Division of Water Quality (2007). *North Carolina Stormwater Best Management Practices Manual*. Raleigh: Division of Water Quality. Available at: http://wire.enr.state.nc.us/su/bmp_updates.htm (accessed March 2009).

- Dunnett, N. and Kingsbury, N. (2008). *Planting Green Roofs and Living Walls*. Revised and updated edn. London: Timber Press.

- Dunnett, N., Gedge, D., Little, J. and Snodgrass, E. (2011). *Small Green Roofs: Low-Tech Options for Cleaner Living*. London: Timber Press.

- Dutton, A.G., Halliday, J.A. and Blanch, M.J. (2005). The Feasibility of Building-Mounted/Integrated Wind Turbines (BUWTs): Achieving their Potential for Carbon Emission Reductions. Available at: http://homepage.ntlworld.com/julien.dourado/zeph_tech_web/academic_research/3_feasibility_mounted_integrated_turbines.pdf (accessed January 19, 2013).

- Farrell, C., Szota, C., Williams, C. and Ardnt, S. (2013). High Water U sers Can Be Drought Tolerant: Using Physiological Traits for Green Roof Plant Selection. *Plant and Soil*, 372: 177–193.

- Fassman, E. and Simcock, R. (2012). Moisture Measurements as Performance Criteria for Extensive Living Roof. *Journal of Environmental Engineering*, 138 (8): 841–851.

- Fassman, E.A., Simcock, R. and Voyde, E.A. (2010). Extensive Living Roofs for Stormwater Management. Part 1: Design and Construction. Auckland U niServices Technical Report to Auckland Regional Council. Auckland Regional Council TR2010/17. Auckland, New Zealand. Available at: www.aucklandcouncil.govt.nz/en/planspoliciesprojects/reports/technicalpublications/Pages/home.aspx (accessed May 2014).

- Fassman-Beck, E.A. and Simcock, R. (2013). Living Roof Review and Design Recommendations for Stormwater Management. Auckland U niServices Technical Report to Auckland Council. Auckland Council TR2010/018. Available at: www.aucklandcouncil.govt. nz/EN/planspoliciesprojects/reports/technicalpublications/Pages/technicalreports2010.aspx (accessed July 30, 2014).

- Fassman-Beck, E.A, Simcock, R., Voyde, E. and Hong, Y.S. (2013). 4 Living Roofs in 3 Locations: Does Configuration Affect Runoff Mitigation? *Journal of Hydrology*, 490: 11–20.

- Fassman-Beck, E. *et al.* (in preparation). Curve Number and Rational Formula Coefficients for Extensive Living Roofs.

- Fernandez-Cañero, R., Emilsson, T., Fernandez-Barba, C. and Herrera Machuca, M.T. (2013). Green Roof Systems: A Study of Public Attitudes and Preferences in Southern Spain. *Journal of Environmental Management*, 128: 106–115.

- Fertig, B. (2010). Hotspots Remain a Mystery, July 23, 2010. WNYC News. Available at: www.wnyc.org/articles/wnyc-news/

- 2010/jul/23/asdas (accessed December 19, 2012).

- Fifth Creek Studio (2012). Green Roof Trials Monitoring Report. Available at: www.sa.gov.au/upload/franchise/Water,%20energy%20and%20environment/climate_change/

documents/BIF/green_roof_final_report_aug_2012.pdf (accessed March 16, 2014).

- Gedge, D. (2003)... From Rubble to Redstarts... Presented at Greening Rooftops for Sustainable Communities, Chicago, 2003. Available at: www.laneroofing.co.uk/marketingbox/documents/generic/682732553_10Gedge.pdf (accessed October 25, 2014).

- Getter, K. and Rowe, B. (2008). *Selecting Plants for Extensive Green Roofs in the United States*. Michigan State U niversity. Extension Bulletin E-3047.

- Getter, K.L., Rowe, D.B. and Andresen, J.A. (2007). Quantifying the Effect of Slope on Extensive Green Roof Stormwater Retention. *Ecological Engineering*, 31 (4): 225–231.

- Gironás, J., Roesner, L.A., Rossman, L.A. and Davis, J. (2009). A New Applications Manual for the Storm Water Management Model (SWMM). *Environmental Modelling and Software*, 25 (6): 813–814.

- Gittleman, M. (2009). *The Role of Urban Agriculture in Environmental and Social Sustainability: Case Study of Boston*. Tufts University American Studies. Available at: http://ase.tufts.edu/polsci/faculty/portney/gittlemanThesisFinal.pdf (accessed January 19, 2013).

- Greenroofs.org (2010). Awards of Excellence: Mill Valley Extensive Residential. Available at: www.greenroofs.org/index.php/events/awards-of-excellence/2010-award-winners/19-mainmenupages/awards-of-excellence/209-2010-awards-of-excellence-mill-valley (accessed November 29, 2010).

- Gregoire, B. and Clausen, J. (2011). Effect of a Modular Extensive Green Roof on Stormwater Runoff and Water Quality. *Ecological Engineering*, 37: 963–969.

- Guo, Y., Zhang, S. and Liu, S. (2014). Runoff Reduction Capabilities and Irrigation Requirements of Green Roofs. *Water Resources Management*, 28 (5): 1363–1378.

- Hathaway, A.M., Hunt, W.F. and Jennings, G. (2008). A Field Study of Green Roof Hydrologic and Water Quality Performance. *Transactions of the American Society of Agricultural and Biological Engineers*, 51 (1): 37–44.

- Hawkins, R.H., Hjelmfelt, A.T. and Zevenbergen, A.W. (1985). Runoff Probability, Storm Depth, and Curve Numbers. *Journal of Irrigation and Drainage*, 111 (4): 330–340.

- Hawkins, R.H., Ward, D.E., Woodward, D.E. and Van Mullem, J.A. (eds) (2009). *Curve Number Hydrology: State of the Practice*. American Society of Civil Engineers, Reston, Virginia, 20191-4400.

- Hilten, R.N., Lawrence, T.M. and Tollner, E.W. (2008). Modeling Stormwater Runoff from Green Roofs with HYDRUS-1D. *Journal of Hydrology*, 358: 288–293.

- Hoffman, L., Loosevelt, G. and Berghage, R. (2010). Green Roof Thermal and Stormwater Management Performance: The Gratz Building Case Study, New York City. Report 09-05 prepared for Pratt Center for Community Development, New York. Available

- at: www.nyserda.ny.gov/Publications/Research-and-Development-Technical-Reports/Other-Technical-Reports.aspx (accessed March 2013).

- Hutchinson, D., Abrams, P., Retzlaff, R. and Liptan, T. (2003). Stormwater Monitoring of Two Ecoroofs in Portland, Oregon. Proceedings of Greening Rooftops for Sustainable Communities, Chicago, IL, May 29–30, 2003.

- Jungels, J., Rakow, D.A., Allred, S.B. and Skelly, S.M. (2013). Attitudes and Aesthetic Reactions toward Green Roofs in the Northeastern United States. *Landscape and Urban Planning*, 117: 13–21.

- Kasmin, H., Stovin, V.R. and Hathway, E.A. (2010). Towards a Generic Rainfall-Runoff Model for Green Roofs. *Water Science and Technology*, 62 (4): 898–905.

- Kottek, M., Grieser, J., Beck, C., Rudolf, B. and Rubel, F. (2006). World Map of the Köppen-Geiger Climate Classification Updated. *Meteorol. Z.*, 15: 259–263.

- Kurtz, T.E., *et al.* (2010). 2010 Stormwater Management Facility Monitoring Report. City of Portland, Bureau of Environmental Services, Sustainable Stormwater Management Program, Portland, OR. Available at: www.portlandoregon.gov/bes/article/417248 (accessed March 2013).

- Lee, K., Williams, K., Sargent, L., Farrell, C. and Williams, N. (2014). Living Roof Preference is Influenced by Plant Characteristics and Diversity. *Landscape and Urban Planning*, 122: 152–159.

- McCuen, R.H. (2004). *Hydrologic Analysis and Design*. 3rd edn. New Jersey: Pearson Prentice Hall.

- McGuinness, A., Mahfood, J. and Hoff, R. (2010). Sustainable Benefits of U rban Farming as a Potential Brownfields Remedy. Conference Proceedings. Presented at Pennsylvania Brownfields Conference. ESWP.com. Pittsburgh.

- Moran, A.C., Hunt, W.F. and Smith, J.T. (2005). Hydrologic and Water Quality Performance from Greenroofs in Goldsboro and Raleigh, North Carolina. Green Roofs for Healthy Cities Conference. Washington, DC.

- Mulvaney, T. (1851). On the U se of Self-Registering Rain and Flood Gauges. *Proceedings of the Institute of Civil Engineers, Dublin, Ireland*, 4 (2): 1–8.

- New Jersey Department of Environmental Protection (2004). Stormwater Best Management Practices Manual. New Jersey Department of Environmental Protection Division of Watershed Management. Available at: www.njstormwater.org/bmp_manual/ NJ%20SWBMP%20covcon%20CD.pdf (accessed January 2014).

- North Carolina Department of Environmental and Natural Resources (2007). Stormwater Best Management Practices Manual. North Carolina Division of Water Quality. Available at: http://portal.ncdenr.org/web/lr/bmp-manual (accessed June 2014).

- Novelli, L.R. (2012). Rooftop Agriculture Offers U rban Storm Water Solution. *Civil Engineering: The Magazine of the American Society of Civil Engineers*. Available at: www. asce. org/CEMagazine/ArticleNs.aspx?id=25769810838 (accessed January 21, 2013).

- NRCS (1986). U rban Hydrology for Small Watersheds. Technical Release 55, June 1986. Available at: www.cpesc.org/reference/tr55.pdf (accessed August 7, 2013).

- NRCS (1997). *National Engineering Handbook*, Part 630, Chapter 5. Streamflow Data. Available at: http://directives.sc.egov.usda.gov/OpenNonWebContent. aspx?content=18384.wba (accessed November 21, 2013).

- NRCS (2004a). *National Engineering Handbook*, Part 630, Chp. 9: Hydrologic Soil-Cover Complexes. Available at: http://directives.sc.egov.usda.gov/OpenNonWebContent. aspx?content=17758.wba (accessed November 21, 2013).

- NRCS (2004b). *National Engineering Handbook*, Part 630, Chp. 10: Estimation of Direct Runoff from Storm Rainfall. Available at: http://directives.sc.egov.usda.gov/ OpenNonWebContent.aspx?content=17752.wba (accessed November 21, 2013).

- NRCS (2007). *National Engineering Handbook*, Part 630, Chapter 16: Hydrographs. Available at: http://directives.sc.egov.usda.gov/OpenNonWebContent.aspx?content= 17755.wba (accessed July 24, 2014).

- NRCS (2009). *National Engineering Handbook*, Part 630, Chapter 7: Hydrologic Soil Groups. Available at: http://directives.sc.egov.usda.gov/OpenNonWebContent. aspx?content=22526.wba (accessed November 21, 2013).

- NYC.gov (2012) Mayor Bloomberg Tours New York's Largest Rooftop Farm, Part Of The City's Innovative Program To Improve Water Quality. Available at: www.nyc.gov/portal/ site/nycgov/menuitem.c0935b9a57bb4ef3daf2f1c701c789a0/index.jsp?pageID =mayor_ press_release&catID=1194&doc_name=www.nyc.gov/html/om/html/2012b/pr286-12. html&cc=unused1978&rc=1194&ndi=1 (accessed December 23, 2012).

- Palla, A., Gnecco, L. and Landa, G. (2012). Compared Performance of a Conceptual and a Mechanistic Hydrologic Models of a Green Roof. *Hydrological Processes*, 26 (1): 73–84.

- Palla, A., Sansalone, J.J., Gnecco, I. and Lanza, L.G. (2011). Storm Water Infiltration in a Monitored Green Roof for Hydrologic Restoration. *Water Science & Technology*, 64 (3): 766–773.

- Palla, A., Berretta, C., *et al.* (2008). Modeling Storm Water Control Operated by Green Roofs at the Urban Catchment Scale. Proc. 11th Int. Conf. on Urban Drainage, Edinburgh, Scotland, UK.

- Peck, S. and Kuhn, M. (2001). Design Guidelines for Green Roofs. Report to CMHC. Available at: www.cmhc-schl. gc.ca/en/inpr/bude/himu/coedar/upload/Design-Guidelines-for-Green-Roofs.pdf (accessed January 19, 2013).

- Philpott, T. (2010). The History of U rban Agriculture should Inspire its Future. Feeding the City Series. Available at: http://grist.org/article/food-the-history-of-urban-agricultureshould-inspire-its-future/full/ (accessed January 19, 2013).

- PWD (2009). *Green City, Clean Waters: The City of Philadelphia's Program for Combined Sewer Overflow Control: A Long Term Control Plan Update.* Philadelphia: Philadelphia Water Department.

- Roehr, D. and Kong, Y. (2010). Runoff Reduction Effects of Green Roofs in Vancouver, BC, Kelowna, BC, and Shanghai, P.R. China. *Canadian Water Resources Journal*, 35 (1): 53–68.

- Roehr, D. and Primeau, S. (2010). Are Green Roofs Always "Green"? A Decision-Support Tool for Designing Green Roofs. Cities Alive 2010. Vancouver, Canada (Online Publication): 1–10.

- Rossman, L. (2014). National Stormwater Calculator User's Guide-Version 1.1. US Environmental Protection Agency Office of Research and Development. EPA/600/ R-13/085b. Cincinnati, OH. Available at: www2.epa.gov/water-research/national-stormwater-calculator (accessed July 22, 2014).

- Rowe, D.B., Getter, K.L. and Durhman, A.K. (2012). Effect of Green Roof Media Depth on Crassulacean Plant Succession over Seven Years. *Landscape and Urban Planning*, 104(3–4): 310–319.

- Rubel, F. and Kottek, M. (2010). Observed and Projected Climate Shifts 1901–2100 Depicted by World Maps of the Köppen-Geiger Climate Classification. *Meteorol. Z.*, 19: 135–141.

- She, N. and Pang, J. (2010). Physically Based Green Roof Model. *J. Hydrol. Eng.*, 15: 458–464.

- Šimůnek, J., Vogel, T. and Van Genuchten, M. (1994). The SWMS_2D Code for Simulating Water Flow and Solute Transport in Two-Dimensional Variably Saturated Media, Version 1 21. Research Report No. 132, U.S. Salinity Laboratory, USDA, ARS,

- Riverside, California, USA.
- Snodgrass, E.C. and McIntyre, L. (2010). *The Green Roof Manual: A Professional Guide to Design, Installation, and Maintenance*. London: Timber Press.
- Snodgrass, E. and Snodgrass, L. (2006). *Green Roof Plants: A Resource and Planting Guide*. Portland: Timber Press.
- Southeast Michigan Council of Governments (SEMCOG) (2008). Low Impact Development Manual for Michigan. Detroit, MI. Available at: www.semcog.org/lowimpact development.aspx (accessed May 2013).
- Stovin, V., Poë, S. and Berretta, C. (2013). A Modelling Study of Long Term Green Roof Retention Performance. *Journal of Environmental Management*, 131: 206–215.
- Stovin, V., Vesuviano, G. and Kasmin, H. (2012). The Hydrological Performance of a Green Roof Test Bed under UK Climatic Conditions. *Journal of Hydrology*, 414–415: 148–161.
- Theodosiou, T. (2009). Green Roofs in Buildings: Thermal and Environmental Behaviour. *Advances in Building Energy Research*, 3: 271–288.
- Urban Drainage and Flood Control District. Critria Manual. Available at: http://udfcd.org/downloads/down_critmanual_home.htm (accessed May 26, 2014).
- U.S. Department of Agriculture (USDA) (1986). *Urban Hydrology for Small Watersheds (TR-55 Revised)*. Washington, DC: United States Department of Agriculture.
- Vesuviano, G., Sonnenwald, F. and Stovin, V. (2014). A Two-Stage Storage Routing Model for Green Roof Runoff Detention. *Water Science and Technology*, 69 (6): 1191–1197.
- Voyde, E. (2011). Quantifying the Complete Hydrologic Budget for an Extensive Living Roof. Doctor of Philosophy in Civil Engineering, University of Auckland.
- Wilson, A. (2009). The Folly of Building-Integrated. *Environmental Building News*, 18: 9. Available at: www.buildinggreen.com/auth/article.cfm/2009/4/29/The-Folly-of-Building-Integrated-Wind (accessed January 19, 2019).

个人通讯参考

- Carpenter, D. (2013). Professor, Lawrence Technological University, Dept. of Civil Engineering, email communication.
- Kurtz, T. (2013). Professional Engineer, City of Portland Bureau of Environmental Services, email communication.
- Wadzuk, B. (2014). Associate Professor, Villanova University, Dept. of Civil and Environmental Engineering, email communication.

第四章　综合雨水性能和建筑设计

在本章中，以下各节介绍了广泛型活性屋顶的各种组成部分在设计中的工程结构和景观构成。以下所讨论的问题突出强调了雨水控制的关键要求及其对建筑的潜在影响，反之亦然。广泛型活性屋顶对径流水文图有多方面的影响，但主要的影响是在生长介质中保留降雨和滞留（减缓）径流排放速率。

活性屋顶被视为改善城市环境的"绿色工具"。但是在许多情况下提出这种说法时，人们并没有真正批判性地了解活性屋顶如何发挥作用，也不清楚其构建和维护过程。活性屋顶的每个阶段或过程都可能影响到项目真正的"绿色"。例如，设计阶段应首先仔细研究用于建造活性屋顶的现有材料。较轻质和较少量的和本地采购的材料可能降低成本和环境（例如碳）足迹。另一个重要的设计问题是，是否可以在不危及活性屋顶的设计目标的同时，避免使用某些生产过程中有潜在危害的材料。

活性屋顶系统的部件或任何与降雨接触的建筑材料，都可能造成污染物渗入径流。例如，铜是典型杀真菌剂，并且会阻碍植物根系生长，而铜和锌是建筑装饰物的常用材料。径流可能携带重金属进入环境，即使在低浓度下也可能对水环境健康造成有害影响。

4.1　生长介质

生长介质的组成是广泛型活性屋顶植被成活和有效蓄留雨水的基础。当前，有关欧洲、北美、新西兰和澳大利亚生长介质特性的信息越来越多。许多专业供应商已经在北美、欧洲和澳大利亚开发了专利的介质组合。这些介质组合的配方可能会被谨慎保护。同时，一些并非专利的生长介质可能同样有效，并且可能不断开发出新的生长介质。例如，在新西兰，专利市场的缺乏为对当地材料、检测手段、采购和供应以及安装技术等方面的研究带来重大进展。生长介质的运输成本可能很大，因此，最经济有效的货源通常来自场地附近，特别是构成生长介质中绝大部分的粗糙基质。

4.1.1 介质组成

基于植被的雨水控制措施，例如广泛型活性屋顶和生物蓄留措施，通常依靠工程介质来实现一致的基准雨洪管理结果。基于气候和可用水分，植物蒸散量为雨洪管理提供了额外但可变的贡献。工程介质是多种材料的混合物，然而并不是从大自然中直接发现的某种独特的天然混合物，而是利用多种天然或人工生产的材料进行人工混合制造的。工程介质的物理性质、储水特性以及支撑植被的能力，均与大多数天然土壤显著不同。广泛型活性屋顶的工程介质应由80%—95%（以体积计量，以 v/v 表示）轻质骨料（LWA）和5%—20% v/v 的弹性有机物质组成。使用标准聚集物（例如沙子）会给屋顶带来过大的负荷，导致屋顶需要更大的结构支撑。

在欧洲，膨胀黏土是轻质骨料最常见的形式，而在北美则采用膨胀页岩或膨胀板岩，澳大利亚则采用膨胀珍珠岩。膨胀矿物是经过冶炼的骨料，经常用于轻型混凝土以及其他园艺应用。为了扩大原矿体积，需要将其在高温的旋转窑中冶炼，使其内部水分蒸发并逸出。最终形成多孔、低密度、高强度、陶瓷状的轻质骨料。北美太平洋西北、冰岛、法国、新西兰和澳大利亚的火山矿床能出产天然的浮石和一些无需额外冶炼的轻质骨料矿物——熔岩和沸石。

再生材料的使用越来越受到人们的关注。在英国，科研人员已经着手研究用回收的建筑拆除材料作为生长介质去重造植物培养基的潜力。再生砖和粉碎混凝土等材料不是轻质的，但是在供应充足的情况下，该方法能支持材料的可持续再利用。调查中发现，可供使用的其他回收产品，包括回收橡胶芯片或轮胎屑、聚苯乙烯、再生塑料珠和来自燃煤发电站的飞灰（熟料）。一些公司使用塑料泡沫或再生泡沫橡胶芯片作为生长介质的一部分。（相比于自然或经过冶炼的轻质骨料）大多数沙子不是轻质的；如果以相当大的比例（大于5% v/v）加入，细沙会降低渗透率。

一个合理的工程介质组合，需要提供空气孔隙、水和气体交换功能（支持植物生命的必要功能），并确保快速排水（防止积水导致的植物过度负荷）。大多数轻质骨料是惰性的，具有粗糙的质地和低含量有机质，这意味着必须补充植物生长的关键要素。例如，粗惰性材料通常具有较低的阳离子交换容量（CEC），该化学性质描述了材料保持正电荷离子的能力。在这种情况下，阳离子交换容量是存储钙（Ca^{2+}）、镁（Mg^{2+}）、钾（K^+）和钠（Na^+）等植物生长所需大量营养素的潜在指标。在新西兰，推荐用于广泛型活性屋顶生长介质的轻质骨料是浮石和沸石的组合；前者具有较低的阳离子交换容量，因此补充了成本较高（但同样重量轻）的沸石。阳离子交换容量还可以提供一些化学缓冲剂，例如缓解酸雨的 pH 值。必须考虑回收的材料或其他再利用的材料可能产生的污染物。砖或黏土瓦片可以有助于持水能力（取决于黏土和焙烧过程），但可能含有高浓度的重金属，这可能会损害都市农业，但没有专门测试其对雨水的影响。粉碎的混凝土会提高 pH 值。尽管轮胎屑能提高排水潜力，但已经证明它会在渗滤液中产生锌，这会导致水质恶化。

　　有机物含量低和持水能力低等因素对植物生长所带来的挑战，是通过增加不超过 20% v/v 的有机物来补充的。在许多情况下，10% v/v 或再少一点的有机物即可。德国景观研究与开发建设协会（FLL）最高限量为 20% 的有机质含量最初由德国消防条例规定，以防止在植物密度低的活性屋顶或夏季干燥期发生闷烧。将生长介质中的有机质含量限制到植物（定植后）生长所能维持的水平有助于限制养分淋失的可能性。限制有机物含量也将植物类型限制为那些可以在氮元素有限条件下正常生长的种类。倡导种植更耐贫瘠的植物，这样可以通过减少生物量和杂草植物的生长来减少维护成本。长濑和邓尼特得出结论，10% v/v 的有机质（作为绿色堆肥）对于四种非景天科的屋顶物种的生长是最佳的，因为无论水分的供应如何，都能使植物稳定生长。有机供应不足会导致氮不足，在有机物含量低情况下，不进行补充灌溉或施肥，会增加植物的培植期。尽管如此，低有机质含量能为雨水控制提供充足的水分储存潜力，以便在正常的干旱天气下维持植物生存，也可以为根系发育提供所需的细颗粒物，并为经过精细设计的植物群落提供充足的养分。

　　生长介质中的有机质含量随时间分解，释放植物所需的氮以促进植物生长。与地面景观美化项目不同，由于运送和起重困难以及对排水和营养淋失的潜在有害影响的挑战，活性屋顶的有机质通常得不到人为"补充"。按照引言中所介绍的动态生命周期的概念，一旦植物的自然生长和死亡循环建立起来，适当数量的植物秸秆就能供给植物自身的有机质需求。在没有外部补施的情况下，失去平衡的系统往往是由于最初一次性投入过多的有机质造成的，尤其是如果投入了某些不稳定的有机质（如未经完全堆肥的物质），可能会产生不可持续的营养生长（过量生长），随着时间的推移（随着有机物质的分解），则会导致生长介质深度变浅和（或）渗透率降低（如生长介质可能变得板结）。这也可能使得生长介质不利于植物扎根，导致根系发育受限（影响植物吸收营养）。

　　为了使营养淋失最小化，不仅必须通过植物生长维持有机质的含量，而且前期使用的大多数有机质必须在物理性质和化学性质上都相对稳定，即要能持续到植物群落完全建立。相对稳定的有机质包括堆肥的树皮细粉、椰糠和充分堆肥和老化的叶子、乔木枝叶。高比例的未成熟、未完全堆肥的材料通常不够稳定，分解太快。这可能产生和浸出过量的氮和（或）磷。然而，小量的完全堆肥的富含营养的有机质有利于植物培植期起效，例如真菌或绿色肥料堆肥，因为植物确实需要快速营养生长并建立植物群落。用于观赏园艺植物的快速释放肥料也可能会浸出过量的氮和磷，因此不适用于雨水活性屋顶设施。用于在植物积极生长时释放低水平营养物质的缓释肥料是最合适的（即肥料成分的释放主要受水的影响而非温度的影响）。泥炭和椰糠能提高介质的持水能力，然而这必须平衡重量限制。非常精细的有机质，例如细磨泥炭，可能会由于颗粒太细而穿过活性屋顶的集成材料而流失；而仅利用泥炭作为有机质来源的生长介质，很可能需要 pH 缓冲以降低介质酸性。

活性屋顶的生长介质与地面景观美化中使用的园林混合基质区别明显。广泛型活性屋顶生长介质通常不含天然土壤，如表层土或花园混合基质。典型的地表土是重质的（砂质土壤中随砂含量增加，具有约 1450—1600 千克 / 立方米的潮湿堆积密度（nrcs.usda.gov）；奥克兰地区表层土壤的干燥堆积密度通常为 950—1100 千克 / 立方米），被放置在广泛型活性屋顶深处时，会造成排水不畅、通风不足（即显示出内涝的倾向），地表土易板结，并且具有高度变异性，以上各方面都显示出不适合于活性屋顶生长介质的特征。普通花园土壤表面的湿度也可能较高，使得许多屋顶植物（即多肉植物）受真菌感染的风险增加。

旨在促进生物多样性的一些活性屋顶可能会有意使用当地的土壤，以便利当地的植物种子生长，特别是为了将屋顶植被融入整体景观（例如牧草地和牧场）而设计的屋顶。如果使用天然土壤，最初的杂草维护成本可能很高（特别是如果土壤本身含有杂草）。与活性屋顶种植工程介质相比，天然土壤的渗透率和渗透速率更低，这意味着为了减少侵蚀风险，则更需要使用防侵蚀垫层或有机覆盖物。如果施工中使用具有密集的根系和植物覆盖的成型草皮（传统的欧洲技术），则侵蚀的可能性也会降低。与广泛型活性屋顶工程化生长介质相比，使用当地的天然土壤也可能增加屋顶的重量负荷。

总的来说，理想的活性屋顶生长介质的特征包括：

- 中等至较高的持水能力：
  - 拥有径流蓄留能力；
  - 在降雨事件之间为植物提供水。
- 高渗透率：
  - 超过蓄留能力的降雨量必须相对较快地渗入排水层，以防止屋顶承重结构的过载；
  - 在排水层和出水口也足够的情况下，防止积水；
  - 防止冬季冻结。

- 在田间含水量饱和（或）达到储水饱和度的情况下，拥有较轻的总重量（取决于屋顶的承重特性）。
- 足够的承载强度，以防止沉积压实：
  - 沉积压实作用能降低介质深度；
  - 脆性构件的破碎会导致基质沉积压实。
- 抗退化：
  - 抵抗由于合理的植被重力而导致的物理压实；
  - 抵抗由于氧化或分解生长介质（如高含量有机质或某些泡沫基质）而导致的降解，因为降解会降低最终的生长介质深度，也可能导致积水；
  - 抵抗由于连续的冻融循环而导致的分解。
- 支持植物生命的能力：
  - 适当的物理和化学成分；
  - 足够的深度和温度系统。

这些理想的品质往往是相互矛盾的。重量随着生长介质深度的增加而增加，从而增加了结构负荷要求，而在较深的生长介质中植物的生存力却有所改善。然而，深度超过150—300毫米的介质并不一定是有利的，因为存在一个最适宜的气候依赖性深度，超过这个深度时耐旱植物品种则不具有竞争力，植物多样性则会降低。相比于成分类似、深度更深的生长介质，较浅的介质对于植物生长要素的储存能力更低，并且要经历更极端的温度挑战。中等至高比例的细颗粒物质会增加水分储存，并可能有益于植物生长，但会降低渗透率并增加总重量。保持生长介质的高渗透率对于防止积水和减轻重量是十分重要的。

已建成的广泛型绿化屋顶的有机质含量应稳定在正常生物量周转的水平上。在理论上，少量至中等的初始有机质含量（小于20% v/v）结合缓慢生长的植物（低繁殖率）并控制灌溉，有利于植物适应低维护成本的活性屋顶的独特生长环境。由于通常不补充有机成分，长期来看，植物的自然生命周期应提供持续的有机物质和营养需求。在奥克兰的四个广泛型活性屋顶，在建成后的4—5年内定期测量，显示出相对稳定的可交换的常量营养素水平，这对于植物生长非常重要。奥克兰另外五个活性屋顶中的三个，总碳含量和碳氮比也相对稳定。另外两个系统随着时间的推移均表现出碳损失，并且由于植物死亡和重新种植过程中对介质扰乱而使得植物长势不佳。其中后者的损失情况与得克萨斯和瑞典的其他研究一致。奥克兰的屋顶全都没有出现有机质含量的增加的情况，这与密歇根所报道的观察结果相反，在密歇根的一处景天属植物屋顶，五年来有机质含量增加了一倍。根据现场情况，安装后的第二、四、五年，所有奥克兰活性屋顶介质的 pH 值保持在 5.4—6.3。相比之下，欧洲和北美的研究表明，由空气污染（即酸雨）所带来的硫酸和硝酸引起的生长介质酸化，可能会产生问题。

进行生长介质配方设计的主要考虑因素是安全性、系统重量、雨水控制（这是项目目标）和植物供养能力。表 4.1 展示了与关键性问题相关的生长介质特征。

考察生长介质变化的规范　　　　　　　　　表4.1

生长介质特征	安全性	重量	雨水控制	植被
持水能力（包括田间持水量和永久性枯萎点）	×	×	×	×
田间持水重量	×	×	—	—
饱和重量	×	×	—	—
渗透率	×	×	×	×
颗粒分布	×	×	×	×
营养含量和可用性	—	—	—	×
pH值	—	—	—	×
阳离子交换能力	—	—	—	×
有机质稳定性	—	×	×	×

4.1.2　活性屋顶专用测试程序

实验室测试可以用来评估生长介质对雨水活性屋顶应用的适用性，并确定所需的介质深度。不同种类的生长介质有其特别的水文特性。在考虑专利介质的情况下，供应商可能会持有相关信息。至少，任何潜在的介质都可以而且都应该进行实验室测试，以建立与储水量（将田间含水量和永久枯萎点作为具体测量）和饱和导水率有关的特性。

德国景观研究与开发建设协会（Forschungsgesellschaft Landschaftsentwicklung Landschaftsbau，FLL）提出的最广为人知的生长介质设计指南，就是绿色屋顶现场的规划、执行和维护指南。FLL 并不是一个真正的"标准"，但往往被认为是如此。最新的英语和德语版本颁布于 2008 年（两者都公示于 www.fll.de）。

美国国际测试材料协会（ASTM International）（以前称为美国测试材料协会）最初于 2005 年发布了活性屋顶测试标准，并于 2011 年更新（www.astm.org）。用于描绘雨水管理中生长介质特征的 ASTM 标准包括：

ASTM E2397-11 确定了与活性（绿色）屋顶系统相关的固定负载和可变负载的实践标准。

（ASTM，2011b）

ASTM E2399-11 确定了活性（绿色）屋顶系统用于固定负荷分析的最大介质密度的测试方法。

（ASTM，2011d）

ASTM 标准目前可以针对介质层和排水层进行评估。它们旨在提供比较基础、用于描述和判断活性屋顶的通用语言。FLL 指南涵盖了活性屋顶设计的多个方面，包括设计适当的生长介质、植物选择和排水管理，以便为在德国的气候条件下进行适当维护。

FLL 或 ASTM 作为关于生长介质的相关导则，描述了严格的实验室测试方法、测试质量控制标准和测试所需的装置。这些测试方法专门针对活性屋顶而设置，这可能与更为广泛的农业科学、土壤科学、民用或岩土工程领域的典型测试方法不同。FLL（2008）、ASTM E2397-11 和 ASTM E2399-05 提供了相对等效的（相互对应的）方法来计算生长介质的储水能力，称为最大介质蓄留水量（ASTM 术语）或最大水容量（FLL 术语）和饱和导水率（有时称为渗透率）。

以上规范之间的主要区别是，FLL 的量化数值目标适用于德国的气候。例如，根据活性屋顶组件（密集型和广泛型、有或没有单独排水层）的最小允许饱和导水率被定义为在德国典型降雨强度的情况下防止积水的导水率值。在德国，（活性屋顶）需要符合数个 FLL 数值目标。

FLL 指定生了长介质的粒度分布的可接受范围；而 ASTM 没有指定。FLL 的粒度分布指标主要与植物健康有关，但粒度分布在渗透率和基质重量方面也具有重要意义。较小的颗粒产生更致密的生长介质，具有更小的孔隙空间和尺寸，会降低介质的渗透率、增加介质的重量。在新西兰，FLL 的粒度分布指标略微放宽，以使用现有的易于获得的材料创建一定程度上可接受的生长介质，其在雨洪管理和植物培植期方面的成功已经在多个场地中被证明。

FLL 或 ASTM 活性屋顶相关指南均不提供测量永久枯萎点的方法。然而，在常见的土壤科学、园艺和农业参考文献中阐述了标准方法，并将在 4.1.3 节进一步讨论。

4.1.2.1 讨论：设计过程中水分储存潜力的测量

为了预测储水能力和降雨蓄留，FLL 和 ASTM 都使用典型的岩土工程水分含量评估方法。在这种方法中，将饱和状态的生长介质样品沥水 2 小时后，进行烘干。烘干前后的样品重量差值为含水量。农艺师和园艺学家都知道，在种植环境中，并不是所有的储存在基质中的水分都可以吸收进入植物根部。一些水分与土壤基质（带电表面和非常小的孔隙）紧紧地结合在一起。这种水分不能被植物根系提取，因此不能用于蒸腾。因此，"植物可用水分"的农艺实验室测试可能会得到比储水介质烘干测试更少的储水潜力。文献中提及的各种活性屋顶介质的植物可用水分见表4.2。以上各种各样的测试对于比较不同的介质是颇有价值的，但是迄今为止，少有运用不同方法对活性屋顶生长介质储水特性进行并列测试的研究发表。然而，在奥克兰的三种生长介质特征的比较中，与每种介质的植物可用水分测量相比，在实验室中 FLL 和 ASTM 方法估算的水分储存容量大约是其两倍（表 4.2）。在现场测试中，四个活性屋顶的最大风暴事件雨水蓄留（降水捕获量）平均与实验室测量的植物可用水分预测的储存容量没有统计学差异。格雷斯森等人和本特松也采用了类似于植物可用水分的指标来评估介质持水量对降雨事件蓄留性能的影响。文献中记载的所有活性屋顶被测量出了其不同降雨事件中雨水蓄留的实质性变化，部分原因是生长介质在降雨时并不是总能达到永久枯萎点的干燥程度。

直到有了进一步的研究可以可靠地量化活性屋顶系统中的雨水积蓄和滞留动态，监管方法和设计者在很大程度上都要依赖于第 2.7 节所述的生长介质中

文献中显示的生长介质的持水能力　　　　　　　　　　　　表4.2

文献来源	生长介质组成（体积百分比）	植物可用水量*（%）
法斯曼和西姆科克（2012） 法斯曼等（2013）	80%浮石，20%堆肥松树皮粉 50%浮石，30%沸石，20%堆肥松树皮粉 70%浮石，10%沸石，20%松树皮、蘑菇、泥炭混合堆肥 60%浮石，20%膨化土，20%堆肥为主的园林土壤混合物	24.2（FLL＝49.6） 23.1（FLL＝46.6） 28.9（FLL＝63.0） 20.2
法雷尔等（2013）	80%的火山渣，20%的椰壳 80%赤土陶瓷屋顶瓦碎渣，20%的椰壳	40.1 43.5
格雷斯森等（2013）	70%—90%粗、细砖块碎渣，10%—30%堆肥绿色废弃物 70%—90%粗、细瓦片碎渣，10%—30%堆肥绿色废弃物 70%—90%飞灰，10%—30%堆肥的绿色废物	23.1—24.7（粗） 24.1—28.2（细） 9.9—12.3（粗） 29.8—32.5（细） 23.4—30.0
斯托文等（2012）**	以碎砖和细粉为基础的（英国）商业组合基质	20%—25%

备注：
* 使用了多种具体的测量方法，但每一种都代表了田间储水能力与永久性枯萎点之间的实验室测量方法。
** 从经验性降雨径流观测值估计，但承认田间储水能力与永久性枯萎点。

降水截获和储存的"灌注和排水"情景的预估。这种方法简单地基于介质的田间含水量与永久枯萎点之间的差异（即植物可用水分 PAW）。在活性屋顶行业中，FLL 测试被广泛使用，特别是在德国之外作为一种营销工具，适用于确定田间含水量。但是，还必须提供一定的枯萎点。相比于田间含水量，植物可用水分为雨水蓄留提供了一个更好的估算量、更保守的设计方法，也是园艺顾问帮助确定适合私家活性屋顶应用的一系列植物的重要指标。第 4.1.3 节详细介绍了基于植物可用水分的具体设计程序。

我们需要进一步的研究来提高对更精细的设计方法的把握和可信度。测试模型公式（例如在第 2.7 节中提出的）以及用来自多个场地的观测数据和之相比较，增强了参数化和预测能力推荐值的可信度。对连续模拟模型给予了优先考虑，这也意味着需要进一步改进活性屋顶蒸散模型。未来理想设计过程的要素包括：

1. 使用经过验证的水文模型预测雨水积蓄和滞留。该模型确定的持水特性（至少）需要满足根据具体项目的气候因素制定的雨水控制目标。

2. 测试候选生长介质以确保候选材料的保水特性满足模型的假设。

3. 与设计顾问团队一起审查结果，以确定雨水控制的最终组件设计在允许的结构荷载下是否可行，并且在考虑长期维护的可靠性的同时也支持植物健康和生物多样性目标。

4.1.2.2　饱和导水率或渗透率

在通用语言中，下渗率、渗透率和导水率等术语倾向于同义使用。其中，渗透率是非特定术语。在技术上，下渗率是指水通过介质表面下渗的速率，而导水率是指水通过土壤孔隙的难易程度（以水渗透通过介质本身的速率来测量）（NRCS，2004）。饱和导水率是一个标准的工程或土壤科学评估，当所有孔隙填充水时量化该速率。在大多数降雨中，工程化介质通常是不饱和的。不饱和导水率随水分含量而变化，但几乎总是小于饱和导水率（后者包括通常在不饱和条件下充满空气的大孔隙）。在预测活性屋顶系统中表面积水的可能性时，一般倾向于使用饱和导水率为预测标准。在 FLL 或 ASTM E2399-11 术语中，使用术语"透水性"，但测试本身反映了土木工程中更熟悉的饱和导水率的下落差法。

为了防止生长介质和植物表面、旁路或地表积水，需要保证生长介质能使足够的水流顺利下渗。地表积水不仅增加了多余的重量，而且如果积水横向流过表面，会使介质漂浮，或冲刷、侵蚀生长介质。对于雨水活性屋顶，设计良好的生长介质不应该出现表面积水，并且不大可能达到饱和（所有孔隙被水占据，图 2.2），除非垂直排水点或出水口被堵塞。在寒冷的气候条件下，植物、生长介质和屋顶结构可以通过自由排水介质（屋顶不能完全冻结）来防止冻融循环引起的潜在破坏性物理运动。大孔隙介质和低有机质为主的粗粒介质实现了高渗透和抑制性饱和度。充气孔隙度是 FLL 推荐的测量方法，但在奥克兰使用当地可用材料开发生长介质的经验，认识到了粒度分布、有机含量分数、渗透率和充气孔隙度的相互关系，因此没必要具体执行所有测试。

FLL 要求每个候选的生长介质根据活性屋顶组件，要符合最低"水渗透率"的要求。密集型活性屋顶的介质必须至少提供 0.0005 厘米 / 秒的水渗透率，安装有独立排水层的大范围介质必须以至少 0.001 厘米 / 秒的速率透水，而没有单独排水层的广泛型活性屋顶的介质必须提供至少 0.1 厘米 / 秒的性能。这些速度的定义是为了在典型的德国气候条件下防止积水，并建议根据当地气候进行调整。使用 ASTM 或 FLL 测试程序，奥克兰已经建立了具有单独排水层的广泛型活性屋顶的最小门槛值为 0.05 厘米 / 秒，同时没有单独排水层的（活性屋顶）维持 FLL 指导（尽管该配置未在本地进行具体评估）。前者的目标是基于 32 种本地衍生的介质混合物的组合，并考虑一系列降雨的雨强。北卡罗来纳州的草案记录目前为 0.06 厘米 / 秒，测试也源于 ASTM 或 FLL 测试方法，并考虑到当地的降雨强度（北卡罗来纳州环境及自然资源部草案）。

双环或单环浸渗仪的方法（例如，ASTM D3385-09，"使用双环渗透仪的现场土壤渗透率的标准测试方法"）不适用于测试活性屋顶介质。该方法被开发用于对天然土壤进行原位评估，要求测试装置（两个探环）插入到 50—150 毫米的深度。具有典型精细纹理的天然土壤，意味着被插入期间在探环和土壤之间仅产生狭窄的间隙，极其容易实现压缩密封（即轻轻地将周围的土壤压靠在环上）。相比之下，广泛型活性屋顶介质通常非常浅，其中的粗骨料难以阻止水分优先在探环和活性屋顶介质之间直接流动。作为实际考虑，一旦建造了活性屋顶，如果现场测试的结果显示介质存在问题，也已经很难调整介质。在三个活性屋顶现场评估中，渗透计测量方法被证明是显著大于实验室评估采用的 FLL 测量方法。

4.1.3 满足最小雨水积存要求的安装深度

满足最低水分（降雨）储存要求所需的介质深度主要取决于生长介质的持水能力和植物蒸腾需求。研究表明，介质的持水能力是在没有灌溉的情况下促进雨水蓄留和维持植物生命的最重要特征。

如第二章所讨论的，地方监管机构通常定义了要控制的降雨或降雨强度范围，规定了雨水控制的最低要求。这些要求中最小的降雨强度通常与绿色基础设施、合流制下水道溢流控制或水质处理的目标相关，并且在许多情况下是一种规定约 25 毫米降雨量的设计暴雨径流量。巧合的是，美国一系列广泛型活性屋顶的经验证据表明，20—25 毫米是任何一个活性屋顶实际可以存储的最大降雨量，无论配置如何：生长介质类型、深度、屋顶坡度，从纽约到北卡罗来纳州到密歇根州到俄勒冈州到奥克兰的各种地点，或降雨开始时的含水量如何。

对于规划和设计目的，可以通过在生长介质的理论田间储水能力与理论永久枯萎点之间储存的水分量来估计广泛型活性屋顶的降雨蓄留性能。尽管在相关参考文献中发现了多种测试方法，但在实验室中量化这些参数的常用方法是测量在生长介质的孔隙中保持的 10—1500kPa 张力之间的水分（水分含量），分别称为理论田间储水能力与理论永久枯萎点。这种水分含量在农学或园艺学中被称为植物可用水分（图 2.2）。水分储存潜力的实验室测量被认为是理论上的结果，因为不可能复制现场遇到的所有变异或影响因素。

在干燥情况下，适用于广泛型活性屋顶的生长介质应该能够存储约 25%—40% 或更大体积的植物可用水分（如表 4.2 所示，对于具有已证明的雨水性能的许多活性屋顶而言）。理论上，如果介质在下雨时是干燥的，那么在 100 毫米降雨覆盖下的 30% 植物可用水分介质，可以有效地控制 30 毫米的降雨量。作为使用设计暴雨径流量方法（3.8.1 节）的规划工具，设计师可以假设在较大的降雨期间，介质将蓄留降雨直到植物可用水分，然后缓慢释放超过植物可用水分的降雨量。实际上，只有在发生较大的降雨事件时，才能在日常的基础上充分利用活性屋顶的最大存储容量。另外我们还承认，在任何给定的风暴中，由生长介质所保留的实际降雨量的多少将取决于雨水储存的可用性和降雨的强度。换句话说，生长介质在降雨期间有多湿润（或有多干燥）、生长介质的最大持水量（田间容量）以及降雨量之间存在着相互关系。

即使是为了提供优异的长期雨水蓄留能力，活性屋顶的介质也不必完全干燥。奥克兰的活性屋顶的研究显示出显著的降雨蓄留率（多年高达约 67% 的年度蓄留），因为其植物可用水分的范围从 11 毫米到 36 毫米不等，其中的差异取决于具体的生长介质的组成和深度。活性屋顶是如此有效，其原因在于94% 的单独降雨事件的雨量少于 25 毫米（占总雨量的 58%），因此即使介质没有完全干燥，还是有足够的存储容量可以积存接下来的小型降雨。

对于给定的生长介质深度，高含水量通常与低渗透率、低通气性、高湿重相关，并且可能对植物存活有害。在没有定期灌溉的情况下，低持水能力限制了雨水蓄留容量和植物生存力。FLL 建议，广泛型活性屋顶的适宜生长介质应储存至少 20% v/v 和最高 65% v/v 的水，但应注意到，FLL 中使用的测试方法包括保持在理论永久枯萎点以下的水量，并且与前面提到的农学方面的植物可用水分方法不同。

作为满足雨水控制的活性屋顶的最低标准，生长介质应能够至少存储地方绿色基础设施监管机构倡导的最小设计暴雨径流量强度（DSD）（例如 25 毫米）的雨量。强烈鼓励参考以下公式给出雨水蓄留的最低生长介质深度：

$$D_{LR} = \frac{DSD}{PAW} \tag{4.1}$$

对于新建筑，DLR 要大于等于 100mm，对于改造建筑 DLR 要大于等于 50 毫米

其中：

DLR＝完成（自然定居）活性屋顶生长介质深度（毫米）。

DSD＝设计暴雨径流量强度，限于 P≤25 毫米。

PAW＝通过农学方法测定的植物可用水分（分数或十进制）[例如，在 10—1500kPa（0.1—15bar）的范围内的拉伸试验（格拉德威尔和比勒尔，1979），或等效物]。

测量用于项目中使用的特定生长介质的植物可用水分（PAW）是十分重要的。如果生长介质的供应商不能提供这些数据，则应从可靠或认证的实验室获得。在美国，大多数地方拨款大学（每个州都有一个）提供土壤测试服务。PAW、DSD 和 DLR 之间的关系如图 4.1 所示。植物可用水分通常随着颗粒（和

图 4.1
雨水蓄留时，完工屋面的深度根据设计暴雨径流量的大小和生长介质的植物可用水量来确定植物可用水分（PAW）

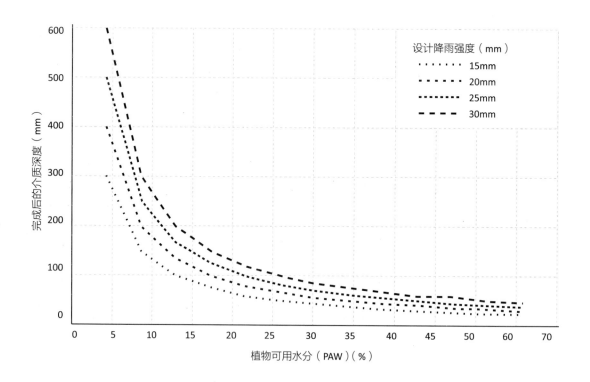

孔）尺寸减小而增加、随着有机质含量增加而增加。植物可用水分可以通过设计来操纵，但是减小粒度分布和增加有机质含量对于介质重量和渗透率有负面影响，如 4.1.2 节所述。

根据方程 4.1，通过设计暴雨径流量强度和植物可用水分的组合确定生长介质深度。不考虑计算结果的情况下，应考虑一些经验法则限制。例如，在科罗拉多州的丹佛，水质治理的设计暴雨径流量强度为大约 15 毫米（UDFCD，2010）。在这种情况下，PAW＝25% 时，计算出的生长介质深度为：

$$D_{LR} = \frac{DSD}{PAW} = \frac{15}{0.25} = 60mm \tag{4.2}$$

虽然 60 毫米的这种特殊的生长介质可以充分保留水质设计暴雨径流量，但半干旱的大陆性气候带意味着植物水分需求将是非常巨大的。增加生长介质的深度可以提供一个补充水源，并提高了对高温的适应性。在宾夕法尼亚州，图根等人表明，三种多肉植物（其中两种是景天科植物）的枝条生长对植物介质深度变化的反应强烈，而深度和干旱条件影响了两种草本植物的生长发育。

对于新建筑，为了鼓励更广泛品种植物的长期生存（除了干旱期外，温带到亚热带气候可能很少或没有定期灌溉），鼓励至少 100 毫米的生长介质。为了增强植物在北纬 40° 以北的地区的生存，博伊文等提倡使用至少 100 毫米的介质。在建筑改造中，最小深度标准可以放宽到大约 50 毫米，但是如果屋顶是可见的，在定期灌溉的情况下，较薄的植物托盘也是可行的。

关于推荐的生长介质深度的上限，经验证据表明，当雨水保留容量大于20—25 毫米时，即使介质深度翻倍也不等于将雨水积蓄翻倍。如果给定一个用等式 4.1 以外的计算方法而得出的生长介质深度——DLR，那么为了规划目的，生长介质的最大蓄留水量（降雨蓄留）可以通过以下方法估算：

$$S_W = D_{LR} \times PAW \tag{4.3}$$

$$0 < S_W \leqslant 20-25mm$$

其中 Sw＝每单位面积的活性屋顶的生长介质（毫米）中的最大降雨蓄留量，用于雨水控制。值得注意的是，在实践中，必须至少有（Sw）这么多的降雨才能填满整个存储容量。如果提出了 PAW＝0.25 和 DLR＝200 毫米的密集型活性屋顶介质，方程式 4.3 建议最大降雨蓄留量为 50 毫米，但从监管的角度来看，雨水蓄留量只能是 20—25 毫米。再次强调，这是一个基于经验证据的经验法则估计；当地的监管机构负责决定上限。有些机构可能会根据当地的历史数据和（或）作为促进活性屋顶实施的动力，将可能的蓄留雨量提高到20—25 毫米以上，并承认除了减少雨水外还有许多其他环境效益。

4.2 保水技术

植物群落持续健康的最重要挑战之一是获得水资源。水分缺失是由生长基质的深度、储水量、底层热量、热量持久度、遮阴持续时间、风向（包括空调排气）和当地气候决定的。在倾斜的屋顶上，屋顶的方向和位置影响水量，在屋脊和北向屋顶（在北半球），水分缺失更严重，靠近屋檐和朝南的屋顶则水分更多一些。可以用铝格栅（例如走廊）或光伏电池板覆盖广泛型活性屋顶来遮阴，两者皆能降低表面温度和减少水分蒸散。通过增加生长介质中的水分，可以减少水分缺失，途径包括：

采用挡水材料如椰壳纤维毯或土工织物布，安装在直接与生长介质接触的地方。

• 在合成排水层中使用能保持水分的"口袋"，使根系可以直接进入吸水。一般生长介质是不吸水的，这意味着根系必须能够接触到储水才能进行蒸散。

• 增加细颗粒的比例（改变颗粒尺寸的分配）或增加生长介质的层次，促进形成能保留水的中小孔隙。降低颗粒和孔隙的占比对渗透性、通气性和重量有着不利影响。

在生长介质中添加保水材料：有机材料（临时和长期的）和无机材料。无机材料包括可以在内部孔隙中保持水分的工程材料，例如浮石，或者少量的火山渣和砖。吸水性矿物、亲水性聚合物（水凝胶）和硅酸盐基颗粒可用于提高中短期水的可用性。各种添加剂的有效性不同，取决于介质中使用的材料量和植物的不同种类。只有可供植物吸收的水能够增强植物的耐旱性。

保水技术的选择应考虑材料的寿命，特别是有机材料。椰壳纤维或黄麻纤维保水性虽好，但最终会生物降解（也许在几年之后），特别是如果暴露在紫外线下，或连续的湿－干循环或冻－融循环中。然而，这些材料可能为植物生根期间储水过剩提供一个有益的解决方案。

补充水分储存技术可能会增加活荷载，取决于应用的程度。在相同的环境条件下，新西兰奥克兰的一个采用了椰棕纤维、预种植景天的活性屋顶，在一年中大多数的暴雨期比相邻的就地建造系统多获取 4.7 毫米左右的降雨量。虽然这对雨洪管理很有利，但是结构荷载会略微增加约 5 千克／平方米。

4.3 植物选择

与地面绿化工程相比，广泛型活性屋顶工程的植物选择受到严重限制。非常浅的生长介质和高蒸散（即高需水量）的组合，会对植物产生极端的湿度和温度压力。植物的根系膨胀空间可能仅限于几厘米；在这样的条件下，只有低生长的植物才能在强风和湍流的影响时保持固定和完好。

在过去十年中，"广泛型活性屋顶"植物选择和建设指南已由著名专家撰写。这一部分不重复这些信息，而是对不同地方有利于植物的茁壮生长的设计特征进行简要描述。对北美植物的进一步阅读可以看埃德蒙和斯诺德格拉斯和来自密歇根州立大学的绿色屋顶研究团队网站（www.hrt.msu.edu/greenroof/index.html），特别是 Getter 和 Rowe（2008）。有关北半球的植物选择信息可以看邓尼特和金斯伯里（2008），以及凯勒（2003）。有关新西兰适宜植物的更多的信息，可以看法斯曼·贝克和西姆科克（2013）。有关植物筛选（利用植物特征和栖息地比较进行筛选）、生长形式的多样性和耐旱策略见。法瑞尔等人结合生理特征和生境类型来识别澳大利亚墨尔本的候选植物，这些植物主要来自矿脉岩石。他们用一个严格的温室压力测试方法来提示生态系统服务是否达到最佳状态。在植物识别中，ASTM e2400-06（选择、安装和维护屋顶绿化系统的）标准指南，是一个确认和植被有关的、有用的、简短的概述（和起点）。

大多数客户希望在广泛型活性屋顶上看到全年都朝气蓬勃的美观的植物，最好从周围的建筑、从本屋顶上都能看见。一个不断变化的景观可以通过植物季节的颜色变化，茎叶的结构，植物高度和宽度的变化，植物物种演替（如果不积极管理）来实现。地面上的植物季节性颜色变化在开花和结果时都会发生，屋顶植物通常也会季节性地改变颜色；春季和秋季通常是植物的生长高峰，一般呈现绿色，夏季干旱时植物叶色为红色、紫色、棕色和黄色，在某些寒冷地区的冬季，植物会休眠。植被覆盖是一个"活"的建筑材料，不同于天然石材幕墙的立面。作为一个"活"的材料，植物和硬质景观受到的侵蚀不同。硬质景观材料受到侵蚀会改变表面的颜色。地衣和苔藓可能会在一定的时间内腐蚀一个有纹理的表面（取决于材料本身）。这种硬质景观材料上的风化可以通过物理（化学）的方法清除。通过比较，植物需要相应的植物选择维护方案，以创造密集且长期的植物覆盖，以免被不必要的、入侵的物种长满。这样的维护项目是在柏林波茨坦广场戴姆勒-克莱斯勒项目的概念设计中被提出来的。

4.3.1　植物场所的因素

"场所"是一个活性屋顶处的地理位置和气候。地理位置，如海岸、草原、雨林、沙漠或山脉以及由气候条件决定的植物抗寒区，作为植物选择的指导方针。植物抗寒区规定（决定）了特定植物能够生长的区域，包括其抵御极端温度（最小和最大）的能力。这就体现了植物对活性屋顶项目成功的机会和局限性。城市和农村环境之间的区别进一步界定了不同地理区域内的地理位置。即使是细微的场地环境也会影响到植物的状态，比如建筑物的标高。例如，植物位于第一层和第十五层的状态是不同的，在阳光、风和降水中完全或部分暴露也是不同的。在一个屋顶上，位于转角的和位于屋脊附近的植物（对于坡屋面）通常暴露在最大的风力和其他压力之中。

在选择植物时，需要考虑影响植物生长的特定地点问题。这些问题包括：

1. 暴露或抵御风、太阳、霜冻（冰冻和融化）的保护（取决于屋顶和屋檐等建筑元素的位置）。

2. 植物维护场地的可达性。

3. 植物对场地条件的适应性。

4. 植物演替（如果不积极管理）。

5. 场地的空气和雨水污染。

6. 玻璃幕墙热反射形成的极端微气候。

7. 活性屋顶相邻立面留下来的过量雨水径流，或在屋檐、垂直物体（如空调排气、机房）遮挡的"雨影区"导致的过少的雨水径流。

8. 可回收灌溉用水或空调排水的可用性，特别是在极端炎热的气候条件下。

9. 当地生物的影响：地面生长的物种可能会侵入屋顶（特别是附近的树木），可预料的、不可预料的昆虫或动物会来到屋顶。例如，墨尔本活性屋顶上的多肉植物被负鼠食用，因此需要驱逐。在新西兰的奥克兰，需要支持本地飞蛾的植物被种植。在苏黎世火车站，蜥蜴无法进入屋顶，意味着它们与地面的连接需要建立。在阿德莱德和奥克兰动物园展览的活性屋顶上，植物对这些笼子里的动物不应该有毒。此外，从本地自然发现的植物是最好的选择。

10. 植物对建筑物内人员的影响，例如，美国医院设计的活性屋顶的考虑是选择具有低过敏源潜力的植物，包括风吹花粉。

一般来说，降水或人工灌溉水的可用性，将决定一个公共可见的、健康的活性屋顶是否是一种经济和环境上可接受和适当的解决方案。地面的低影响开发系统可能会比一个活性屋顶或非观赏性的活性屋顶（其主要作用是缓解暴雨）更好地服务于暴雨缓解。在某些地方人工灌溉可能是必要的，例如（像BC的基洛纳一样的）半干旱的沙漠气候，罗尔和孔岳伟（2010）提出了约半个屋顶都要维持防渗。从不透水屋顶区获得的径流用于灌溉，确保另一半作为活性屋顶建造，可以在极端气候条件下生存。这种策略可以使活性屋顶在炎热干旱的气候条件下得以实施，其中干旱会导致植物的衰竭，这种策略同样适用于极端的、有着突然的温度波动的寒冷气候。同样，在建筑物中如果需要供

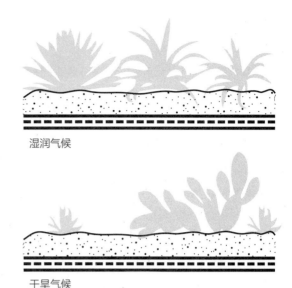

图 4.2
耐湿植物和耐干植物

湿润气候

干旱气候

水，例如冲厕，可以计算确定屋顶应该种植的比例。如果部分的活性屋顶可以满足雨水衰减的要求，传统的屋顶将最好放在"热"的一面（坡屋顶），在冷的一面放活性屋顶。在某些情况下，如果只有部分屋顶做绿化，可以调节屋顶绿化的程度来平衡缓解暴雨的目标和保持植物全年健康状态的目标。决定哪一边放置活性屋顶可能不那么简单；可视性、视域和其他因素还需要考虑。

4.3.2 植物结构 – 根系和生物量

据作者所知，没有行政区是按照植物种类和特征来分配活性屋顶的雨水消纳额度的。但是，植物的结构对于活性屋顶项目的成功是非常重要的。

三个设计事项与植物根系结构和生物量有关：

1．预防植物根系侵入膜，预防根系堵塞排水设施。例如，众所周知，竹子的根就非常具有侵略性。像北美桦树和新西兰圣诞树（Metrosideros）这样的树种应立即移除。

2．不要选择易燃的植物，特别是大型草本，包括（死后会留下高生物量的）一年生和二年生植物，除非通过维护能去除多余的和已死的生物质。在英国谢菲尔德的广泛型活性屋顶，"图案草地"和野生动物栖息地每年冬季都有冬收和割草。这来自瑞士苏黎世的 Woolishofen 水库建立的，长达 90 年的草地维护模式。在新西兰陶波，一个草皮覆盖的活性屋顶被经常灌溉来预防火灾，这在短期内加剧了生物量。

3．控制生物量的产生。通过限制有机质的种类和数量来管理生长介质的养分含量。通过生长介质深度和限制灌溉让干旱限制生物量产量。总的来说，这种方法意味着屋顶的美观度可能会减少（因为花也可能更小），所以要选择在低肥育条件下能保持美观的植物。

避免使用会产生大生物量和使用大量的水的植物。由于广泛型活性屋顶相对于地面绿化通常只容纳少量的水，用水量高的植物将迅速耗尽可用的水，因此更容易受到干旱威胁导致植物死亡。文献说明不同的植物物种有不同的用水策略，并从不同深度的基质中获取水分。使用一系列具有不同根构型、不同用水和耐旱策略的植物物种，会优化活性屋顶的恢复力和性能。例如，景天科植物对水的减少特别敏感（如在干燥的生长基质中生长），所以会减少水的使用。将景天属植物与耗水量很大的耐旱植物混合种植，当后者在蒸腾时，能够增加对雨水衰减的贡献。这种权衡暴雨衰减和植物生存的方法是由 MacIvor 和 Lundholm 提出。

4.3.3　植物和营养负荷

这本书所采用的理念是：首先将活性屋顶设计为雨水控制措施。除了建立连续的覆盖，与生物滞留或洼地等地面雨水控制措施一致，被动操作减少（或完全消除）了外部输入如施肥或灌溉，这样对成本和雨洪控制都很好。

需要大量营养的植物，或者相反，创造了植物可以吸收大量营养的条件 [通过在生长介质（4.1.1）中增加额外的有机物或肥料]，会增加以下三项负面效应。第一，高营养供给增加了径流中营养物质排放的可能性。可以通过地面的雨水控制措施（如雨水花园或景观灌溉）来减少径流的影响，从而避免直接排放到雨水管道中。

第二，高营养供应通常会产生更多的生物量，增加潜在的火灾风险，除非用特定的维护管理体制来缓解。第三，高营养供应通常会产生更茂盛、柔软的生长和较大的叶子，而且叶的生长比根更多。这使植物倾向于受到干旱和风的破坏。在干旱被灌溉解决的地方，从屋顶冲刷出的潜在营养量增加了。高营养的供给，也加速了碳的分解过程（生长介质中有机物含量增加）。生物量被清除的地方，或者当植物的碳输入比碳分解要低时，生长介质的量和水储存量会降低。这三个原因解释了为什么都市农业或美化种植的叶类植物、高生物量植物一般不会是雨水控制设计的优先考虑对象。

4.3.4　种植模式

植物的状况会因气候和压力而变化。多年的植物演替可能创造出完全不同的美学。我们应告知客户活性屋顶系统的可变性，并且准确描述屋顶美学以达到客户期望。

近年来，设计师、生态学家和环保人士讨论了如何增加广泛型活性屋顶的种植模式，以提高他们的视觉兴趣和生物多样性。历史上，斯堪的纳维亚到处都有草坪屋顶。现代的活性屋顶在 20 世纪 70 年代末引入德国，主要种植多肉植物，如景天属。从技术和功能的角度，多肉植物，特别是景天属，是一些最具成本效益且可靠的植物能够用于活性屋顶。景天属植物非常耐寒，且在干旱的，热，多风的条件中有无与伦比的生存能力。景天有近 600 种，一些品种的变化很大，无论是自然生长或栽培。景天并不是在所有情况下都能顺利成长，特别是热带地区。一些国家没有本土的景天属植物。在一些地方，景天属植物和其他多肉植物具有侵入性，会扼杀或取代本地物种，特别是在悬崖或冲积砾石等地区。

生长介质的物质和结构可以通过设计来保证足够的水储存，以满足在降雨发生之前的干燥期（干燥期持续时间对个别气候所特有）的植物需水量，例如可考虑植物生长介质中的可用水分。可以选择植物种类的组合来优化蒸腾速率，特别是在活跃的生长季节。理想情况下，它们的蒸腾速率应该"清空"足够的储存以捕获随后的风暴。当水变得有限（随着生长介质的干燥），植物新陈代谢减慢，蒸腾减少，以节约用水。植物在长时间干燥期后会缺水，并且发生颜色和活力的改变。为雨水控制设计的活性屋顶使用快速响应水输入并消耗水的植物。许多肉质植物惊人的适应性之一是在数小时内培育出新的植物根系，以获得更多的水量。相反，禾本科可能需要数周才能培育出新的根，夏季休眠的鳞茎或块茎可能在下一个秋天之前都不会产生根或芽。然而，由于太阳辐射的变化或相对湿度的差异，植物物种蒸腾速率的差异可能小于屋顶上的差异。

如今，如果以植物生存和雨水径流减少作为设计目标，多肉植物似乎是最适合的，而景天属植物是最经济的植物。其他非景天属多肉物种包括 *Taluim*，*Sempervivium* 和 *Delosperma* 通常也适用于许多非灌溉屋顶。在悉尼和奥克兰，凤梨科植物和其他生在树冠层和岩石露头的植物已经成功地在活性屋顶存活。问题在于客户和用户认为什么是一个全年健康（或其他可接受）的屋顶的外观。如果视觉可及性不是设计目标，那么这不是一个复杂的目标。在屋顶可见的情况下，在极端气候条件可能需要一些人工灌溉，以保持一个在生长介质深度有限（蓄水有限）的情况下依然全年健康的屋顶外观。同样，在屋顶区域经验有限的地区，在最大水分亏缺下灌溉的能力降低了植物选择的风险。一个保守的设计师在关心水分供应、维护或暴露的可靠性的情况下可能会将种植模式的选择限制在非常能耐极端状况的植物。另一种方法是使用合适的景天属植物作为"基础"，然后添加各种其他物种。巴特勒和奥里恩斯三年多的试验表明，景天属植物可作为"护理植物"，在一定程度上通过降低部分土壤的温度来扩大活性屋顶的物种种植模式。

4.4　种植设计基本准则

以下的种植设计基本准则值得考虑：

• 屋顶应种植雨季生长旺盛的植物。在极端的气候条件下，更长的休眠期和 / 或其他气候的影响应该被当地的园艺师考虑。

• 将植物生长期与频繁降雨期相匹配。大多数植物的休眠期应与干旱时间相匹配（最大化美学观赏效果和减少雨水量）。

• 侵略性的植物是应该避免的，因为他们可能会取代原有的植被，使用更多的水并增加维护（去除屋顶上不该有的物种）。

• 低矮的多年生地被植物应占主导地位，它们已被证明是最快速、可靠且具有性价比的屋顶覆盖物种。

• 设计师应在快速增长植物的短期效益和适应当地环境植物的长期效益间取得平衡。培养适应环境的植物所应用的生长介质将减少雨水径流，但如果迫切需要雨水管理的结果，单靠它可能不足以获得最佳的性能。在德国，提倡将快速生长的植物用于刚建设完成的活性屋顶以提高其效益。另外，预制的模块或垫子可能是合适的。

可以使用主景植物来增强屋顶的三维空间，并加强季节性变化。一年生植物可以用来填补永久植物的空隙。它们的主要作用是在活性屋顶培育初期（前 18 个月）提高屋顶的视觉外观。因此，它们可能有助于增加屋顶的接受度，并鼓励屋顶的使用和适当的维修。主景植物可能包括夏天休眠，春天开花的鳞茎，以及长寿的、生长较慢的、能在低密度下生长的植物。当使用鳞茎植物，把它们种到分散的区域，这样在它们休眠时植物间的空隙会比较小。

• 应鼓励本土植物以促进生物多样性。任何能增加美感外观和多样性的适应性植物都是不错的选择。但必须认识到，景天属植物在"植物工具箱"里起到的重要作用，而且，在生长介质深度有限的情况下，景天属在一些气候情况下可能是唯一的选择。

• 活性屋顶的生境往往不能容纳广泛的本土植物，因为附近可能没有类似的自然环境。低价出售的本土植物，供应通常是有限的，从而可能会限制到它们的使用。在这种情况下，周边区域的地面应该与活性屋顶的设计相结合。如果当地的一些植物不能在活性屋顶上茁壮成长，那么周围的地面区域可能为野生动植物提供一个自然环境。新地区植物选择的一个重要方面是研究当地生境模式，包括一些低密度的本地物种，以提高对它们的表现的了解。

4.5　排水层

现代排水层影响了屋面雨水减缓的能力。从历史上看，活性屋顶没有排水层。活性屋顶是一个单层的、土壤为基础的系统，主要种植草或丛生植物作为防水和屋面保温材料。今天，为了确保公众安全，有多种可选的材料确保房顶的排水能力并防止屋顶积水。一方面是设计生长介质；另一种是在生长介质下提供不同的排水层促进自由排水到雨水口和落水管。

活性屋顶的排水层类型取决于设计目标和以下因素：生长介质（及其持水能力）、气候（即降水频率、降雨量和极端湿润期）、雨水径流量和流速，以及排水对保温和倒置装配式活性屋顶的影响。排水层提供空气流通空间，有助于保持绝缘干燥，这是一个倒置装配式活性屋顶的必要元素。

排水层是看不见的，但它承载着活性屋顶组件的全部重量。在选择排水层时，需要回答以下几个问题：

1. 排水层能够承载顶部（生长介质、土工织物分离层、完全成熟的植物、硬景观）的静荷载吗？

2. 排水层能够承载活荷载（雨水、雪、冰、人）吗？

3. 排水层是否能提供足够的水流能力，以确保水不会在生长介质中积累（即，排水层是否能随时排掉来自生长介质的水）？

ASTM 提供了一种测试方法来评估排水层的流动能力，这取决于所使用的材料：

为（绿色）屋面系统用 ASTM e2396-11 标准试验法测试颗粒排水介质的饱和水渗透性［ASTM E2396-11 植被（绿色）屋顶系统中颗粒排水介质饱和水渗透性的标准测试方法（ASTM，2011a）］。

该过程说明，用作排水层的粗颗粒材料（例如浮石、砾石或岩石）的透水性不适用于生长介质或合成板或板式排水层。

为（绿色）屋面系统（ASTM，2011c）用 ASTM e2398-11 标准试验法测试土工复合排水层的吸水和介质滞留性［ASTM E2398-11 植被（绿色）屋顶系统中土工复合排水层吸水性和介质滞留性的标准测试方法（ASTM，2011c）］。

该过程适用于人造板、垫或面板，专为水平排水设计，将水导向屋顶甲板、排水管道、排水沟或排水孔。

系统故障不易检测。由于材料缺陷或施工错误而破坏了各层的功能，可能会产生潜在的风险。这些风险包括以下几点：

1. 活性屋顶组件的重量可能超过制造商建议的排水层的承受能力，从而降低活性屋顶的排水能力。

2. 材料损耗或材料缺陷可能危及排水层的性能，即排水速度和负载能力。

3. 排水层在规划过程中被遗忘，错误预计雨水径流的大小，或屋顶坡度被牺牲，在这些情况下，活性屋顶的整体性能可能会有风险。结果可能存在积水（静态水）的风险，这会产生预料之外的荷载以及表面流动风险（在生长介质表面），从而导致侵蚀。

4.6　经验方面

4.6.1　边坡

从历史上看，苏格兰和斯堪的纳维亚的活性屋顶被搭在 45° 的本土建筑屋顶上，与非植被屋顶没有区别。20 世纪以来，大多数活性屋顶被安装在无斜度或低斜度的平屋顶上（Dunnett & Kingsbury，2008）。

最近在屋顶设计上出现了建筑和结构的创新，如纽约林肯中心的 Diller Scafidio's Hypar 馆和温哥华的 Van- Dusen 入口建筑，他们无定形的斜坡给活性屋顶行业和设计师提出了新的挑战（图 4.3，图 4.4）。简单的、更轻便的方法依然有效。芝加哥市政厅的活性屋顶，地形部分是由泡沫塑料包围旧圆顶天窗来实现的，并用新的防水工艺进行了密封。

一般而言，有坡度的屋顶包括弯曲的屋顶，但在本书中，"坡度屋顶"是指有一个倾斜角度但表面平坦的屋顶。低坡度提供更容易安装、配置和维护，并最大限度地减少植物水分缺乏。坡度和屋顶斜度可能影响生长介质的稳定性、雨水缓和性能、植被选择和通行安全。视觉体验可能会增强或减弱。

尽管存在着潜在的挑战，活性屋顶仍然能够被安装在较陡的屋顶或弯曲的屋顶结构上。例如在德国，FLL 建议有坡度的活性屋顶最大坡度为 45°（100%），平面屋顶最小坡度为 1.1°（2%）。在一些由监管机构公布的雨水设计手册（例如新西兰奥克兰的 NCDENR 草案）里，活性屋顶坡度大于 15° 在雨水控制方面是不合格的。

平坦的屋顶需要至少 2% 的坡度以促进排水。在实践中，2% 的坡度可能很难达到，施工方法必须避免局部的斜坡凹陷导致局部积水。除了对屋顶表面水平进行详细评估外，还需要确认排水点周围的密封圈安装得与屋顶下部结构齐平，确保水能够不受阻碍地排出。

图 4.3
温哥华 Vandusen
入口建筑的斜屋
顶，由 Nic Lehoux
拍摄（上）

纽约林肯馆，由
Ariel Vernon 拍摄
（下）

　　如果活性屋顶由于美观的原因被堆成土堆，或者安装在陡坡的屋顶上，排水会更快，因此屋脊处的植物与坡底植物相比可利用的水更少。创造能够促进植物生长和生存的土堆需要提供保水性更好的土壤环境减少植物的蒸散，并且可以通过增加对风的遮蔽（即增加边界层的宽度）来减少植物的蒸散。在选择陡坡或起伏的活性屋顶植物时，应将需水量较低的植物种植在山脊线上，而需水量较高的植物则应种植在坡底。通过第 4.2 节描述的保水技术可以实现进一步的保水。

　　对于生长介质的稳定性，设计和安装可以借鉴一般的地质工程经验来处理土壤的低黏性。侵蚀控制和斜坡稳定性的指导方针与在倾斜屋顶上的工作高度有关。

　　活性屋顶在 15°（27%）的斜度以内不需要特殊的设计或施工技术。然而，作为一项预防措施，在奥克兰植物园，15° 的广泛型活性屋顶加设了由包裹在

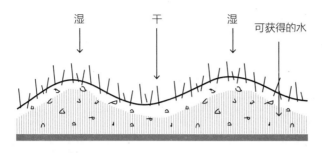

湿　　　干　　　湿　　可获得的水

斜屋顶场景 1

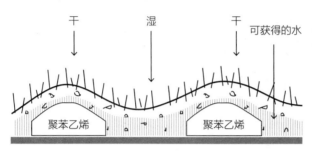

干　　　湿　　　干　　可获得的水

聚苯乙烯　　　　聚苯乙烯

斜屋顶场景 2

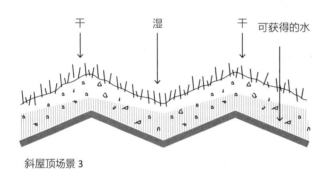

干　　　湿　　　干　　可获得的水

斜屋顶场景 3

图 4.4
屋顶斜坡场景

椰壳垫里的生长介质组成的斜坡断档和轻型脚手架来确保生长介质不位移。三年后，该系统仍没有坍塌。

FLL 建议屋面坡度大于 20°时安装抗剪结构或防滑措施以促进生长介质的稳定性。有专业的商业产品可供选择，包括柔性合成基质，但内置的板条结构同样适用。无论使用何种系统，都不应危及排水，也不应是活性的。排水系统不好会淹没植物，以及增加结构负担，致使系统超出预期负荷。常见的木材防腐剂如铜铬和砷有可能将有害污染物扩散到径流中。

30°—45°屋顶需要更多的结构控制，并使用一个完全不同的建造方法（FLL，2008）。它们可能需要在延长的培植期（2—3 年）内进行更多灌溉，相比之下，低坡屋顶只需要 1—2 年的培植期。这样陡峭的屋顶不太可能提供足够的雨水缓解。

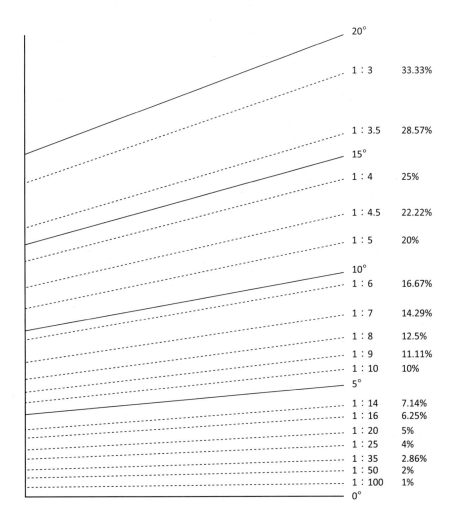

20°

1:3 33.33%

1:3.5 28.57%

15°

1:4 25%

1:4.5 22.22%

1:5 20%

10°

1:6 16.67%

1:7 14.29%

1:8 12.5%

1:9 11.11%

1:10 10%

5°

1:14 7.14%

1:16 6.25%

1:20 5%

1:25 4%

1:35 2.86%

1:50 2%

1:100 1%

0°

图 4.5
屋顶斜度的单位
换算

生长介质的表面可能需要进一步稳定直到植物成熟。种植在覆盖着可生物降解的侵蚀控制垫的表面上，可以防止生长介质被风刮走，并防止未成熟的植物被风或鸟拔起（在建立根系之前）。这个简单的技术可以减少补植。由天然纤维如椰壳制成的垫子最终会被降解，而塑料或钢网长期内都是在表面可见的。如果植物覆盖率低或活力不足（如在休眠季节），这种可视性在美观上会有问题。

4.6.2　护栏

护墙高度不得危及参观者或维修人员的安全。最低要求是由当地的建筑法规或政府机构，如职业安全健康管理局（美国），加拿大职业健康与安全中心，工作安全局（新西兰）和健康与安全执行局（英国）。如果没有控制公众的来往和接触（除了训练有素的维修人员），则需要考虑屋顶加固、防火规定、风

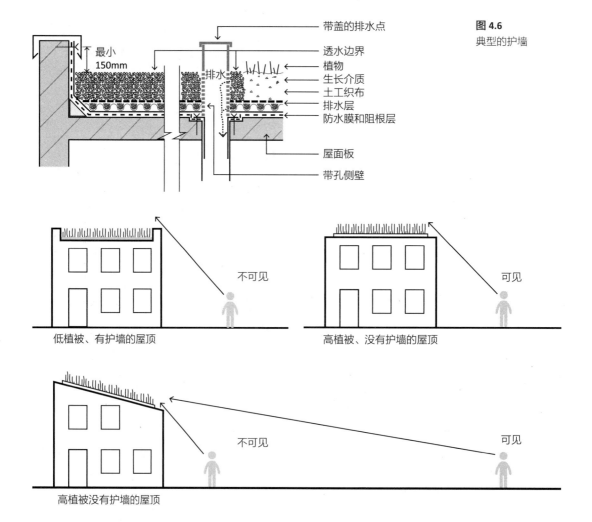

图 4.6
典型的护墙

不可见

可见

低植被、有护墙的屋顶

高植被、没有护墙的屋顶

不可见

可见

高植被没有护墙的屋顶

图 4.7
观看的体验：平屋顶 VS 斜屋顶

蚀和风导致的屋顶抬升。

较高的护墙会减少甚至完全消除在地面上对活性屋顶的观赏体验（图 4.7，图 4.8）。所以，低屋顶护墙应该被考虑（图 4.6）。有垂直护墙的标准平屋顶，无论护墙的高度如何，都很容易建造。带有低矮护墙的悬挑屋顶则需要定制的解决方案。

4.6.3 排水通道和排水沟

当设计一个对屋顶的质量敏感的方案时，设计流量的计算将决定将雨水径流排到地面的排水管道的尺寸和形式（图 4.9）。垂直排水管可能位于建筑物内部，最大限度地减少视觉影响。位于外部的水槽和落水管影响建筑物的外立面的美观，但当目标是雨水收集或监测径流时可能更容易管理（图 4.10）。

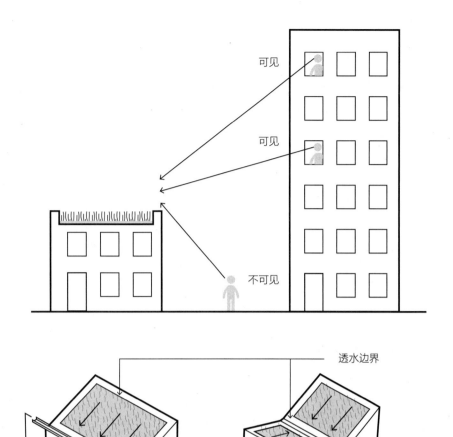

图 4.8
观看体验：
高度的影响

可见

可见

不可见

图 4.9
排水槽

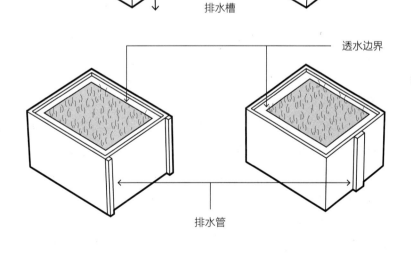

透水边界

排水槽

图 4.10
位于立面的排水管

透水边界

排水管

　　定期监测屋顶的排水系统，才能确保功能正常。屋顶的排水规划首先是建筑师的责任。如果安装广泛型活性屋顶，工程师和景观设计师必须与建筑师一起设计排水模式和排水点。排水的设计目标是：

1. 易于监控和清洁。

2. 有必要为排水检查点提供坚固的材料以承受极端的屋顶条件。

3. 如果屋顶是公共空间,排水口应该被锁住。

4. 排水点的配置、颜色和形式,是与建筑／立面的建筑语言相关的。排水点的数量和大小取决于当地的建筑规范,或者当地的活性屋顶政策(如果有的话)。排水构件、透水孔和突出物的可达性可以通过一段耐用的透水边界来提高(如一堆集料,图 4.6)。在某些区,这可能是必需的。透水边界提供了视觉提示,便于维修人员查找检查点或清理点。它也可以捕获残屑,例如在屋顶上吹过的植物碎片,防止排水口堵塞。如果需要保持突出物的干燥,透水边界也可能有所帮助,因为它不太可能保持水分(与生长介质不同)。应注意选择透水边界的材料颜色。最好与屋顶的种植同步,否则会形成大范围的几何形式,这可能会冲击整个系统的种植设计。

4.7 屋顶绿化的范围

如果活性屋顶雨水管理的主要目的是消除屋顶产生的径流,第一步应是拦截并储存屋顶上的大部分雨水。用活性屋顶的元素来连续覆盖整个屋面实现雨水的最大捕获。尽管如此,为了安全和排水,需要有一定的无植被种植的区域(即透水边和人行道)被保留,哪怕人行道被铺在存水材料之上,限制不透水地区的范围意味着它们不会显著地促进径流。

在典型的被动装配组件中,活性屋顶只捕获直接在其表面发生的降雨。如果生长介质被相邻的不透水屋顶径流所冲洗,活性屋顶将几乎没有能力来控制上坡的不透水表面的径流,也没有能力缓解下斜坡区域,因为生长介质几乎丧失吸水能力且有很高的渗透性。换句话说,径流将迅速通过介质垂直流向排水层。如果将设计元素(如野餐区)纳入,会(像传统屋顶一样)产生相当数量的径流。另一种设计方法可能是考虑用蓄水池收集从不透水区域或附近的其他屋顶流下来的雨水,以备以后屋顶表面在干燥天气使用。用水池贮存和分配雨水可能需要使用管道和水泵,像灌溉系统一样来主动管理,但可以由太阳能发电(当植物需要额外的水的时候)。

最大限度地扩大植被覆盖范围提供了超出雨水管理以外的好处。它有助于植物的生存。不透水表面创建了一个炎热的微气候,这可能加剧边缘植物和不透水的界面的干旱情况。如引言所述,屋顶防水膜的任何部分暴露在紫外线中都会使其更容易失效。

审美可以通过集装箱式的屋顶花园实现:孤立的盆栽植物分布在屋面

的可达领域。屋顶的花园也被称为"结构上的景观"（Weiler & Schloz Barth，2009），有时会被认为是密集型活性屋顶。集装箱式的屋顶花园不被认为是雨水控制措施。他们通常需要定期灌溉和施肥，以保持对美学的高度期望。屋顶的覆盖范围通常很小。高维护和能源投入进一步阻碍其作为环境缓解系统的可能。由于容器本身会增加很重的重量，一个更有效的替代方案是将载荷分配到一个广泛型活性屋顶结构，即使在这种情况下，也只有一部分的屋顶有植被。

4.8　灌溉

广泛型活性屋顶应该是一个环保和可持续的系统。这意味着低能量投入，但最大的环境效益和产出，即低维护和高雨水缓解能力（图 4.11）。当需要人工灌溉时，最好采取非市政网络的水和电（图 4.12）。这可能意味着采用太阳能或风车驱动的机械系统，用他们输送非饮用水（再循环）用于灌溉，以减少市政网络中能源和饮用水的利用。非饮用水可以从灰水或雨水收集得到。

在培植期间灌溉可能影响活性屋顶植物群落的长期表现。在培植期，如果水的获取受到限制，植物根系发育和叶片大小可能永久被破坏，从而限制了水分和养分的吸收以及光合速率（boodley，1998）。为了证明这一点，对比在实验后期发生干旱的情况，发生在植物培植期前两周的干旱对植物根系发育伤害更大，而在早期干旱里存活的植物最终长得都不怎么茂盛。

灌溉的用途或需要是分情况确定的。可能的场景包括以下内容：

1. 灌溉只用于培植阶段的 2—3 年。在这种情况下，设计师需要评估一个临时系统的优点，这个系统可以被移除。在培植阶段，可以使用地面的临时灌

图 4.11
混合系统

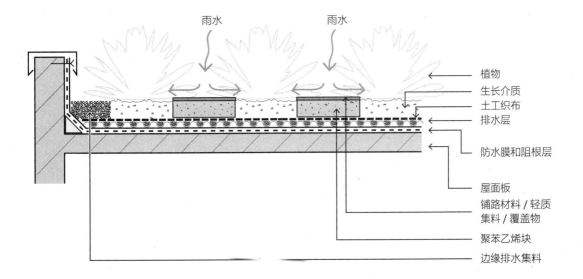

雨水　　　　雨水

植物
生长介质
土工织布
排水层
防水膜和阻根层
屋面板
铺路材料 / 轻质集料 / 覆盖物
聚苯乙烯块
边缘排水集料

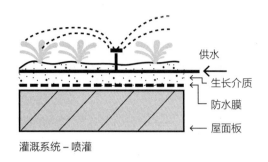

灌溉系统 – 喷灌

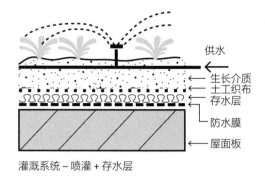

灌溉系统 – 喷灌 + 存水层

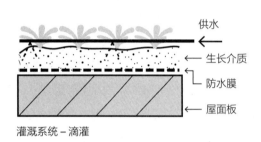

灌溉系统 – 滴灌

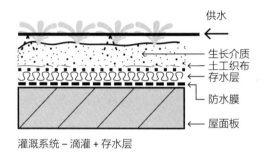

灌溉系统 – 滴灌 + 存水层

溉系统，如喷水器、滴灌或地下灌溉（无基础保湿织物）可能不起作用，因为此时生长介质没有吸水的特性（Rowe et al.，2014）。

图 4.12
灌溉系统的选择

2. 长期使用的灌溉系统，在大多数情况下是由于对于植物恶劣的气候条件而安装。虽然一个精心挑选的植物搭配将植物需水量减到最少，他们可能仍然需要灌溉以确保在长期又热又干没有降雨的干燥期内生存，如大陆性气候区——美国东南部的夏天。这里主要关心的是保持可见屋顶的植物的健康，和阻止外来物种入侵引起的大规模植物死亡。一个长期的灌溉系统应安装在生长培养基下面（但在土工布分离层的上面），并且由吸湿材料或毛细管网辅助，增加植物的根可吸收的水分。

此外，设计团队需要考虑：

1. 操作这些系统需要一个贮水装置（即水箱、蓄水系统，毛细管垫、滴灌、喷灌）。在结构设计中必须考虑它们的荷载和空间要求。

2. 灌溉需要定期监测和维护，施工后的持续费用应由规划小组确定。

3. 当使用非饮用水时，灌溉系统的设计可能需要纳入水质处理以防止颗粒过早堵塞管道、阀门或喷嘴。

4. 在寒冷的气候条件下，灌溉系统需要用气压来通风，以消除霜冻期间管道中的积水。

5．在活性屋顶安装之前，应规划如何从邻近的常规屋顶或活性屋顶收获一部分水。

6．地面灌溉设备暴露在紫外线下，主要用于临时灌溉。地面灌溉可能不是那么有效，因为它可能在渗透到根可以吸取的深度之前直接蒸发；但是，一项研究表明，架空灌溉能够良好地覆盖屋面范围。

7．基底灌溉减少了多余的植物的培植期。

8．活性屋顶雨水径流可被收集来用于灌溉。

从长远来看，灌溉要求往往是特定地点的。旺盛的，肿胀的植物一般产生更多的水分蒸发，使生长媒介变得干燥，使小气候变冷，但过度灌溉会削弱雨水收集的能力，并在干燥的天气产生径流。每天灌溉对植物适应广泛型活性屋顶环境不利。在可能的情况下，为了尽量减少灌溉，生长介质应该在夏季干燥期内提供足够的维持植物生存的水。理想情况下，灌溉应根据生长媒介的含水率，而不是预定的时间和深度来确定。在可能的情况下，灌溉水应源自现场雨水收集（从非绿化屋顶或不渗透的地区捕获），或其他非饮用水源。园艺顾问和雨水工程师应积极讨论植物需水量与水文控制要求之间的关系。

4.9　可达性

4.9.1　广泛型活性屋顶的公众可达性的考虑

广泛型活性屋顶的可达性会影响屋顶的多种功能。在这种情况下的可达性可以定义为从地面通过斜坡、楼梯、梯子、门窗的物理到达；以及通过窗口或开放立面的视线可达（图 4.13）。

可达性将决定公众和建筑使用者如何使用屋顶。目前，许多广泛型活性屋顶都建在平顶上，高于地面至少一层，公众无法进入。近年来，建筑界开始认可把广泛型活性屋顶开放给公共空间，像纽约林肯中心的 Hypar 馆的倾斜屋顶。第一个例子是荷兰代尔夫特大学图书馆。这个屋顶用作户外阅读的斜坡草坪。

在大多数情况下，广泛型活性屋顶的可达性决定了它们使用的可能性和对其他功能的影响。除了要确定屋顶的项目规划和潜在的社会功能，一个可公开访问的广泛型活性屋顶规划，需要考虑以下因素的平衡：使用植物的类型（例如，"草坪"、装饰植物或视觉亮点），社交聚会的硬质景观，可能的话还需要一个陡峭的斜坡，便于让人们能从街上看见植物，并且能加速介质排水。如果公众能够可达，频繁的踩踏可能会对植物造成损害，因为生长介质的薄层提供的缓冲很少，根部和植物更容易被压碎。

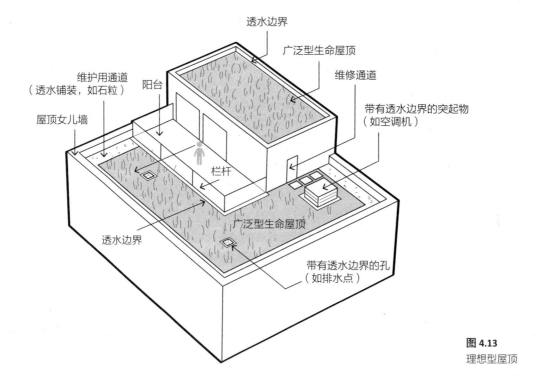

透水边界

广泛型生命屋顶

维修通道

维护用通道
（透水铺装，如石粒）

阳台

带有透水边界的突起物
（如空调机）

屋顶女儿墙

栏杆

广泛型生命屋顶

透水边界

带有透水边界的孔
（如排水点）

图 4.13
理想型屋顶

倾斜的草"地毯"式设计，地被植物（即耐磨和抗撕裂植被）应该被使用，因为它们较强壮，而且有相同的视觉质量。经常使用能导致生长介质被压实，这可能会阻碍渗透，从而可能造成屋顶上的积水。这既是一个结构安全问题，也是一个植被安全问题。为了减少被压实的风险，需要生长介质里有适合强度的集料，以及屋顶活动需要每年定期设定"无人时期"。

这将有助于生长介质恢复其结构与植株再生。相比之下，一个非可达的平面景天屋顶只有很小程度来自于维护人员的压实。关于公共可达屋顶的进一步设计解决方案见第 4.11 节。在这种情况下，规划小组应该决定屋顶上可接近的程度。规划人员应该做一个清单，是否会有以下情况：

1. 访客的频繁访问？
2. 只有维修人员才能进入吗？
3. 数量有限的游客和指定的聚集空间，例如，露台或浮动炉排？
4. 保护植被的设施——例如围栏？
5. 生命安全设备/设计元素？
6. 舒适安全的屋顶通道？

4.9.2 一般维修通道的设计

设计维护的安全通道是创建可行的维护制度的第一步；理解维护需求可以

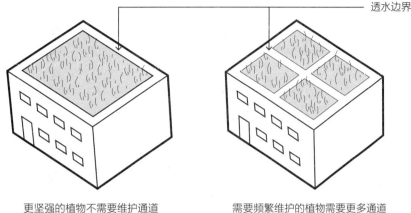

透水边界

更坚强的植物不需要维护通道

需要频繁维护的植物需要更多通道

图 4.14
维护通道

促进良好的设计，从而防止风险（图 4.14）。研究表明，工人在维修不频繁时能接受更高水平的风险（例如，活性屋顶相比传统的屋顶）而且完成任务所需的时间相对较短。

　　进入活性屋顶的人的主要风险是从高处跌落。消除跌落危险，预防跌倒，安全网或行政措施（例如，再安排一人看护）是根据偏好或设计重点而被建议的，以促进安全。被动系统比主动系统更受欢迎，因为人不必有意识地参与安全措施的实施——也就是说，他们不必花时间系安全带和固定物。

　　设计顾问关于维护设计的清单里主要项目应包括但不限于以下内容：

　　1. 通往屋顶的实际通道需要安全。可通过楼梯、电梯或梯子进入的窗户或门。垂直梯，特别是通过屋顶舱口或封闭笼子的垂直梯应避免，因为维修设备很难被提着上下屋顶。

　　2. 活性屋顶的设计需要使建筑物维修人员可以到达女儿墙，或者有通道可直接到达女儿墙。

　　3. 屋顶的排水特性和其他孔洞（例如通风口）需要便于检查和清洁，并且都应该放在女儿墙以内。如果需要特殊设备（或训练才能），女儿墙外维修排水系统，维护预算将会受损失。

　　4. 尽可能地使屋顶可见，而不必到屋顶上进行常规检查，特别是在护墙低矮或缺少护栏时。

　　5. 维护人员的安全锚必须与其他设计元素（例如，窗户清洁员的通道）配合设计。每个国家和地区都有自己的屋顶维护安全规范。

　　6. 应选择合适的材料来当做屋顶外围一周的通道。在欧洲和北美洲，当地的建筑 / 防火规范规定了表面材料、深度、可通过的宽度，防火措施和通道间距。例如，FLL 要求每 40 米植被要有 1 米宽的防火碎石或混凝土，在栏杆、女儿墙和墙周围要有至少半米（500毫米）的植被屏障（卵石、石板或其他硬质地面）。

设计安全的其他资源可参考汉姆，卡梅伦等，埃利斯和健康与安全主管部门。

4.9.3 植被和排水方面的维护可达性

如果屋顶是可见的并且客户有种植设计的要求，或者周围建筑有一个静态统一的几何概念时，植被形式被定义，那么植物将需要经常维护，如修剪或其他形式的维护。如果种植是连续的，在规划过程中园艺师可能需要提出具体的植物群落。生长过程的监控是必需的。景观设计师应向园艺师咨询后再设计屋顶上路径的数量和范围。耐寒的植物不需要额外的维护路径（如果不需要经常接触）。

屋顶外围一周的铺砌区域应该足够了。然而，防火法规可能要求种植被打断。任何非绿色通道或检修脚手架区应采用透水材料或碎石走道以提供屋顶上均匀的雨水排水。

4.10 提供监测

活性屋顶仍然被认为是可持续发展的新技术。测量项目绩效有助于通过正式的研究理解系统设计和环境效益之间的联系，或通过减少能源需求提高投资回报率。监测也为公众或正规教育甚至是儿童教育提供了机会，或帮助市政机构考虑新的法规或法规修订。本节不打算提供一个设备要求或数据收集的分步指导，而是提供便于监测规划的建议。

为了便利与未来的监测，可以在设计过程中考虑几个因素：

• 安全的入口、出口和停留区。关于维修人员准入的类似规定也适用于收集数据或访问监测基础设施的人（见第4.9节）。

• 防水电源。大多数数据记录仪器都需要电力网供电、电池供电，或者可以通过太阳能电池板来运行。在总结构荷载中，必须考虑太阳能板的重量。

• 在考虑减少能源需求的情况下，传感器可能需要被放在屋顶甲板内，因此在建筑施工中可能需要考虑它们的安排和安装。

• 对于灌溉活性屋顶，饮用水或收集水（的运用）的需要计量。

• 一个永久安装的检漏系统可以安装在屋顶甲板里，或在屋顶甲板和防水膜之间。

• 有暴雨的地方：

尽量减少排水点的数量（在不影响当地建筑规范的要求的情况下）。这可以减少监控基础设施（以及接入点和穿孔）的数量。

提供易接近的排水点。流量或水质监测通常要求水在某一位置收集，并有足够的坡度使水从屋顶自由移动，但不宜在完全垂直的排水管内安置。在某些情况下，雨水性能监测设备最容易安装的地点可能是地面。在这种情况下，内部排水管可以为设备提供良好的安全性，防止设备受到篡改或破坏，但设备可达性至关重要。

不限于活性屋顶，更多的制定雨水监测规划、数据收集和分析的资料可参考：Burton & Pitt（2002）和 GeoSyntec 顾问和 Wright 水务工程师。

4.11　不妨碍雨水控制的社会功能设计

可以为广泛型活性屋顶设计各种解决方案，以实现让公共进入而不妨碍雨水控制的目标。允许公众进入广泛型活性屋顶的最重要的设计考虑是额外的荷载。任何附加的重量如人（活载）和为露台而设的硬质铺装（静载荷），或是在房顶上竖起的遮阳凉棚，都必须计算到建筑的整体结构设计。结构或建筑元素（例如，天井、水池、大型结构的基础包括蜂箱），不应妨碍广泛型活性屋顶的自由排水，并且任何结构的自身排水（如天井）必须要考虑。

4.11.1　有障碍的露台

铺有屏障的露台是有利的，铺砌的区域清楚地界定了公共可进入空间和植被地带。屏障可以防止植被遭到践踏，确保公众的安全。参观者可从一个或多个侧面观看活性屋顶，但可能仍需提供维修和监视的可达方法。在活性屋顶内部布置带有护栏或栏杆的露台使屋顶更可能被人从地面看到，因为屋顶边缘不被阻挡（见第 4.6.2 节）。

铺砌材料应该为排水设置宽的缝隙，或是用透水材料本身做成（例如，透水混凝土或透水／多孔树脂结合的集料，图 4.15）。不透水铺设材料会将径流排放到活性屋面。在这种情况下，需要一个大直径轻质材料或岩石的短过渡带，以保护附近植被免被径流流入而侵蚀。

露台的重量需要限定在一个明确的区域内。铺装的重量和尺寸都需要被结构工程师批准，避免在大风天气下隆起。

铺装不要固定在屋顶结构上，因为紧固件将穿透阻根层和防水卷材。铺装的恒载应足以防止他们被大风刮下屋顶。围栏柱的底座应固定在一层厚板上，并其底下应该有一层保护层以保护阻根层及防水膜免受损伤（图 4.16）。

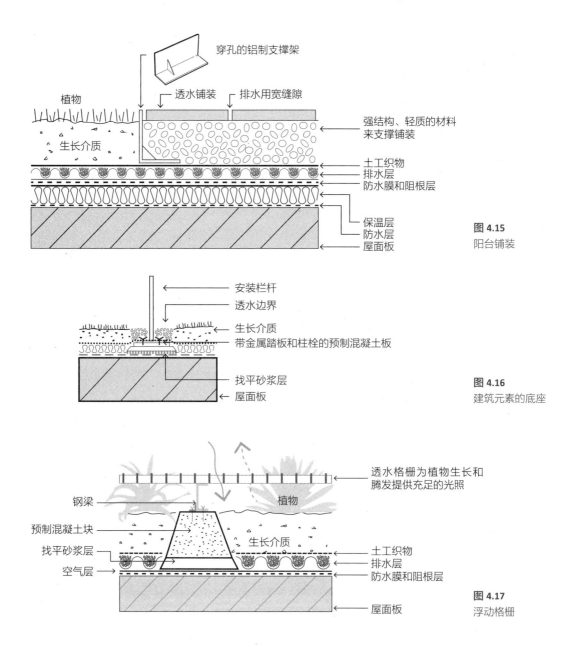

图 4.15
阳台铺装

图 4.16
建筑元素的底座

图 4.17
浮动格栅

4.11.2 浮动格栅

在植被层顶部的浮动格栅系统给公众一个不同的视角，因为它们可以更紧密地与植物接触（图 4.17）。宽格可以为植物生长提供最多阳光，同时提供捕捉降雨和水分蒸散的通道。重量轻，坚固耐用的材料可以帮助尽量减少基脚要求和结构性挑战。浅金属或硬质塑料格栅浮动在紧贴矮小植物的表面，混凝土立足点的尺寸应尽可能小。浮栅需要在屋顶维护和监测中可及。

华盛顿 ASLA 的总部，由 Michael Van Valkenburgh 公司设计，是一个将浮栅方案巧妙地纳入整体屋顶的成功案例（werthmann，2007）。

4.12 光照

建筑物的正面经常被壮观的灯光设计所照亮。作为"第五"立面，屋顶常常被遗忘，尤其是平屋顶。然而，城市中的平顶屋顶经常被其他高层建筑所关注，因此呈现出大量、巨大和多样化的照明机会。这些机会是对活性屋顶整体设计的回应，也是对人们将活性屋顶作为社会空间的使用模式的回应。照明可以提高活性屋顶许多正面属性，并可以作为：

- 从其他高层建筑上可观看的艺术装置；

- 增强植被和硬质景观要素的设计形式 / 形状 / 空间的手段；

- 一种提高观赏效果的方式，无论是在屋顶还是从地面观赏，特别是对倾斜屋顶更有效。

设计应考虑以下内容：

1. 照明装置和电缆安装在排水层以上，安装在生长介质中或上方，可方便地进行维护，并减少复杂的多个电接入点，从而减少防水膜的穿孔。

2. 非电网的可再生能源解决方案，在照明供电方面往往是可行的，如太阳能电池板和风车。然而，在某些情况下（如地标或市政项目），需要备用电力。小的旋转灯会产生不同的光照场景。应着重注意灯具周围的植物生长以防止装置的阻塞，以免妨碍其所需的功能。

4.13 设计清单

表 4.3 总结了设计过程中至少需要的步骤，并对本书中可能找到相关信息的章节提供了快速参考。成功的活性屋顶项目会在设计过程中包括应该如何建造和维护系统。在这本书中所采用的方法，主要目标是进行雨洪管理设计。

基本设计清单		表4.3
	设计要素	书中的位置
1	评估场地可持续性	3.3
	结构能力	3.3.1
	安全问题	4.6.2,4.9
	建设和安装的长期可达性	4.9
	凸起和穿孔的位置和数量	4.6.3
	其他条件：斜坡，机械设备和暴露	4.6,4.9

	设计要素	书中的位置
2	**与项目团队确定和优化设计目标**	3.2
	第一目标：雨水保留	4.3,4.4
	第二目标：建立和维护茂密的植物覆盖	1.2,1.3,4.6
	第三目标：例如舒适度，眩光减少，生物多样性，能源需求缓解，集水，能见度	4.9,4.11
3	**根据可用材料确定基层构成和特性（特别是植物可用水量和重量）**	4.1
4	**确定最小基质深度**	
	根据 DSD，植物可用水分，以及DLR列应用方程	4.1.3
	与结构工程师验证荷载	4.1.2
	如果需要额外的结构能力，增加基底深度最大100—150mm提高植物的生存能力和长期健康	
	如果不能满足屋顶的最小基底深度：	
	修改基板组成	4.1
	提供补充水分储存技术	4.2
	根据基质湿度/植物需要提供永久灌溉系统	4.8
	减少单株水竞争	4.3,4.4
	考虑（最后）另一个保留目标（较小的风暴，更少的水分保留），与地面的雨水控制相结合。向园艺顾问传达变化	
5	**与园艺顾问一起创建种植设计**	
	根据场地条件，基质特性和深度，以及可能存在/不存在的灌溉，选择不同种类的植物；与建筑设计师协调视觉效果	3.4,4.4
	确定植物培育期的方法和密度（如适用）	3.4
	在培植过程中建立维护要求（活动和频率）并完成一次全面覆盖	4.4
	为缺陷责任/项目签署建立植物参数	3.2
	设计补充水分系统，如有需要，经协商确定	4.2,4.8
	建立维修合同条款	3.2,3.4
6	**选择防水系统和检漏检测制度**	1.4
7	**设计屋顶排水**	
	协调垂直排水设计水平排水设计，以符合所有相关建筑规范（可能需要与建筑师或结构工程师协商）	3.3.2
	验证水平排水层可以承受的荷载并预测基质内没有池塘时的水流量	4.5
	根据立面和屋顶协调材料的选择和设计方面的审美	4.6.3
8	**选择阻根层**	1.4

	设计要素	书中的位置
9	确定活性屋顶边缘、突出物或穿孔周围的透水边界的材料	3.3,4.6
	与建筑设计师协调美感/视觉影响	
10	**考虑和协调建筑方面**	
	能见度	4.6,4.7,4.9
	可访问性	4.11,4.12
	景观特色	
11	**提供安全元素（人员和植被）**	
	活性屋顶和其他建筑服务的安全通道和安全工作环境	4.6.2,4.9
	公共集会（如果需要的话）	4.11
12	**执行雨水减少目标的法规遵从性计算**	
	假定基板设计符合该清单3和4的最低要求	3.5,4.7
	如果需要，设计监控设施	4.10
13	**最后的检查**	
	基质深度达到或超过雨水保持的最低要求	
	与到达活性屋顶的任何人建立防水膜和植被保护的协议	
	园艺顾问批准植物种类清单、安装方法和维护规划可行性	
	结构工程师确认的允许载荷下的系统重量（所有部件）	
	建筑的目标实现	
	全面审查任何人进入屋顶的安全	
14	**客户验收报告**	

参考文献

- Aitkenhead-Peterson, J.A., Dvorak, B.D., Volder, A. and Stanley, N.C. (2011). Chemistry of Growth Medium and Leachate from Green Roof Systems in South-Central Texas. *Urban Ecosystems*, 14: 17–33.
- ANSI/SPRI RP-14 (2010). Wind Design Standard for Vegetative Roofing Systems, Approved 6/3/2010. Waltham, MA: SPRI.
- ASTM (2006). E2400–06 Standard Guide for Selection, Installation, and Maintenance of Plants for Green Roof Systems. West Conchohocken, PA: ASTM International.
- ASTM (2011a). E2396–11 Standard Test Method for Saturated Water Permeability of Granular Drainage Media [Falling-Head Method] for Vegetative (Green) Roof Systems. West Conchohocken, PA: ASTM International.

- ASTM (2011b). E2397–11 Standard Practice for Determination of Dead Loads and Live Loads Associated with Vegetative (Green) Roof Systems. West Conchohocken, PA: ASTM International.
- ASTM (2011c). E2398–11 Standard Test Method for Water Capture and Media Retention of Geocomposite Drain Layers for Vegetative (Green) Roof Systems. West Conchohocken, PA: ASTM International.
- ASTM (2011d). E2399–11 Standard Test Method for Maximum Media Density for Dead Load Analysis of Vegetative (Green) Roof Systems. West Conchohocken, PA: ASTM International.
- Bates, A.J., Sadler, J.P. and Mackay, R. (2013). Vegetation Development Over Four Years on Two Green Roofs in the UK. *Urban Forestry and Urban Greening*, 12 (1): 98–108.
- Bates, A.J., Mackay, R., Greswell, R.B. and Sadler, J.P. (2009). SWITCH in Birmingham, UK: Experimental Investigation of the Ecological and Hydrological Performance of Extensive Green Roofs. *Reviews in Environmental Science and Biotechnology*, 8 (4): 295–300.
- Behm, M. (2012). Safe Design Suggestions for Vegetative Roofs. *J. Constr. Eng. Manage*, 138: 999–1003.
- Bengtsson, L. (2005). Peak Flows From a Thin Sedum-Moss Roof. *Nordic Hydrology*, 36 (3): 269–280.
- Berghage, R.D., Jarrett, A.R., Beattie, D.J., Kelley, K., Husain, S., Rezaei, F., Long, B., Negassi, A., Cameron, R. and Hunt, W.F. (2007). Quantifying Evaporation and Transpirational Water Losses from Green Roofs and Green Roof Media Capacity for Neutralizing Acid Rain. *National Decentralized Water Resources Capacity Development Project*. University Park, PA: Penn State University. Available at: www.decentralizedwater. org/documents/04-dec-10sg/04-dec-10sg.pdf (accessed September 9, 2013).
- Boivin, M., Lamy, M., Gosseling, A. and Dansereau, B. (2001). Effect of Artificial Substrate Depth on Freezing Injury of Six Herbaceous Perennials Grown in a Green Roof System. *HortTechnology*, 11: 409–412.
- Boodley, J. (1998). *Instructor's Guide to Accompany the Commercial Greenhouse*, 2nd edn. Delmar Publishers.
- Brenneisen, S. (2006). Space for Urban Wildlife: Designing Green Roofs as Habitats in Switzerland. *Urban Habitats*, 4 (1): 27–36.
- Burton, G.A., Jr. and Pitt, R. (2002). *Stormwater Effects Handbook*. New York: CRC Press, Lewis Publishers.
- Butler, C. and Orians, C. (2011). Sedum Cools Soil and Can Improve Neighbouring Plant Performance During Water Deficit on a Green Roof. *Ecological Engineering*, 37: 1796–1803.
- Butler, C., Butler, E. and Orians, C.M. (2012). Native Plant Enthusiasm Reaches New Heights: Perceptions, Evidence, and the Future of Green Roofs. *Urban Forestry & Urban Greening*, 11: 1–10. Available at: http://ase.tufts.edu/biology/labs/orians/publications/ Orians/2012UFUG_Butler.pdf (accessed December 18, 2012).
- Cameron, I., Gillan, G. and Duff, A.R. (2007). Issues in the Selection of Fall Prevention and Arrest Equipment. *Eng., Constr., Archit. Manage.*, 14 (4): 363–374.
- Clark, S., Steele, K., Spicher, J., Siu, C., Lalor, M., Pitt, R. and Kirby, J. (2008). Roofing Materials' Contributions to Storm-water Runoff Pollution. *Journal of Irrigation and Drainage*, 134 (5): 638–645.

- Dunnett, N. and Kingsbury, N. (2008). *Planting Green Roofs and Living Walls*. Revised and updated edn. London: Timber Press.
- Durhman, A.K., Rowe, D.B. and Rugh, C.L. (2007). Effect of Substrate Depth on Initial Growth, Coverage, and Survival of 25 Succulent Green Roof Plant Taxa. *HortScience*, 42 (3): 588–595.
- Ellis, N. (2001). *Introduction to Fall Protection*. 3rd edn. Des Plaines, IL: American Society of Safety Engineers.
- Emilsson, T. and Rolf, K. (2005). Comparison of Establishment Methods for Extensive Green Roofs in Southern Sweden. *Urban Forestry and Greening*, 3: 103–111.
- Farrell, C. Ang, X.Q. and Rayner, J.P. (2013a). Water Retention Additives Increase Plant Available Water in Green Roof Substrates. *Ecological Engineering*, 52: 112–118.
- Farrell, C., Szota, C., Williams, N. and Arndt, S. (2013b). High Water Users Can Be Drought Tolerant: Using Physiological Traits for Green Roof Plant Selection. *Plant and Soil*, 372: 177–193.
- Fassman, E.A. and Simcock, R. (2012). Moisture Measurements as Performance Criteria for Extensive Living Roof Substrates. *Journal of Environmental Engineering*, 138 (8): 841–851.
- Fassman, E.A., Simcock, R. and Voyde, E.A. (2010). Extensive Living Roofs for Stormwater Management. Part 1: Design and Construction. Auckland UniServices Technical Report to Auckland Regional Council. Auckland Regional Council TR2010/17. Available at: www. aucklandcouncil.govt.nz/EN/planspoliciesprojects/reports/technical publications/Pages/ technicalreports2010.aspx (accessed September 9, 2013).
- Fassman, E.A., Simcock, R., Voyde, E.A. and Hong., Y.S. (2013). Extensive Living Roofs for Stormwater Management. Part 2: Performance Monitoring. Auckland UniServices Technical Report to Auckland Regional Council. Auckland Regional Council TR2010/18. Auckland, New Zealand. Available at: www.aucklandcouncil.govt.nz/EN/ planspoliciesprojects/reports/technicalpublications/Pages/technicalreports2010. aspx (accessed July 26, 2014).
- Fassman-Beck, E.A. and Simcock, R. (2013). Living Roof Review and Design Recommendations for Stormwater Management. Auckland UniServices Technical Report to Auckland Council. Auckland Council TR2010/018. Available at: www. aucklandcouncil.govt.nz/EN/planspoliciesprojects/reports/technicalpublications/Pages/ technicalreports2010.aspx (accessed July 30, 2014).
- Fassman-Beck, E.A., Simcock, R., Voyde, E.A. and Hong, Y.S. (2013). 4 Living Roofs in 3 Locations: Does Configuration Affect Runoff Mitigation? *Journal of Hydrology*, 490: 11–20.
- Fassman-Beck, E., Liu, R., Hunt, W., Berghage, R., Carpenter, D., Kurtz, T., Stovin, V. and Wadzuk, B. (in preparation). Curve Number Approximation for Living Roofs.
- Fentiman, C. and Hallas, C. (2006). A Fine Waste of a Roof. *Materials World*: 24–26.
- Fifth Creek Studio (2012). Green Roof Trials Monitoring Report. South Australia Government's Building Innovation Fund and Aspen Development Fund No. 1. Available at: www.sa.gov.au/__data/assets/pdf_file/0015/10194/green_roof_final_report_aug_20 12.pdf (accessed May 22, 2014).
- Forschungsgesellschaft Landschaftsentwicklung Landschaftsbau (2008). *Guidelines for the Planning, Execution and Upkeep of Green-roof Sites*, e.V. Available at: www.fll.de/

shop/english-publications/green-roofing-guideline-2008-file-download. html (accessed October 17, 2014).

- Fredlund, D.G. and Rahardjo, H. (1993). *Soil Mechanics for Unsaturated Soils*. New York: John Wiley & Sons.

- Gedge, D., Grant, G., Kadas, G. and Dinham, C. (2012). *Creating Green Roofs For Invertebrates: A Best Practice Guide*. Bug Life. Available at: www.buglife.org.uk/ Resources/Buglife/GreenRoofGuide_P5.pdf (accessed December 18, 2012).

- Geosyntec Consultants and Wright Water Engineers (2009). *Urban Stormwater BMP Performance Monitoring*. Prepared under support from the U.S. Environmental Protection Agency, Water Environment Research Foundation, Federal Highway Administration and Environmental and Water Resources Institute of the American Society of Civil Engineers. October. Available at: www.bmpdatabase.org/ (accessed July 28, 2014).

- Getter, K. and Rowe, B. (2008). *Selecting Plants for Extensive Green Roofs in the United States*. Michigan State University. Extension Bulletin E-3047.

- Getter K.L., Rowe D.B. and Andresen J.A. (2007). Quantfying the Effect of Slope on Extensive Green Roof Storm Water Retention. *Ecological Engineering*, 31: 225–231.

- Graceson, A., Hare, M., Monaghan, J. and Hall, N. (2013). The Water Retention Capablities of Growing Media for Green Roofs. *Ecological Engineering*, 61: 328–334.

- Gradwell, M.W. and Birrell, K.S. (1979). Methods for Physical Analysis of Soils. New Zealand Soil Bureau Scientific Report No. 10C, ed., Wellington, DSIR.

- Greenroofguide.co.uk. Biodiversity and Planting. Available at: www.greenroofguide. co.uk/biodiversity-and-planting/ (accessed December 18, 2012).

- Health and Safety Executive (2008). Working on Roofs, United Kingdom. Available at: www.hseni.gov.uk/hsg33_roof_work.pdf (accessed August 9, 2013).

- International Ecological Engineering Society (2007). Case Study 08-Green Roofs on Public Buildings in the Netherlands. Available at: www.iees.ch/cms/index.php?option=com_co ntent&task=view&id=26&Itemid=47 (accessed August 9, 2013).

- Koehler M. (2003). Plant Survival Research and Biodiversity: Lessons from Europe. Paper presented at the *First Annual Greening Rooftops for Sustainable Communities Conference*, Awards and Trade Show, May 20–30, 2003, Chicago.

- Krupka, B. (1992). *Dachbegrünung. Pflanzen- und Vegetationsanwendung an Bauwerken*. Stuttgart: Ulmer.

- Liu, R. and Fassman-Beck, E. (2014). Unsaturated 1D Hydrological Process and Modeling of Living Roof Media during Steady Rainfall. In Proceedings of the EWRI World Environmental and Water Resources Congress 2014: Water without Borders. Portland, OR, June 1–5.

- Lundholm, J. (2006). Green Roofs and Facades: A Habitat Template Approach. *Urban Habitats*, 4: 87–101.

- McIvor, J.S. and Lundholm, J.T. (2011). Performance Evaluation of Native Plants Suited to Extensive Green Roof Conditions in a Maritime Climate. *Ecological Engineering*, 37: 407–417.

- Mclaren, R.G. and Cameron, K.C. (1996). *Soil Science: Sustainable Production and Environmental Protection*. 2nd edn. Oxford: Oxford University Press.

- Molineux, C.J., Fentiman, C.H. and Gange, A.C. (2009). Characterising Alternative

Recycled Waste Materials for Use as Green Roof Growing Media in the U.K. *Ecological Engineering*, 35: 1507–1513.

- Nagase, A. and Dunnett, N. (2011). The Relationship between Percentage of Organic Matter in Substrate and Plant Growth in Extensive Green Roofs. *Landscape and Urban Planning*, 103 (2): 230–236.

- NRCS (2004). Saturated Hydraulic Conductivity: Water Movement Concepts and Class History. Soil Survey Technical Note 6. National Soil Survey Center, U.S. Dept. of Agriculture, Lincoln, Nebraska. Available at: http://soils.usda.gov/technical/technotes/ (accessed November 21, 2013)

- Ngan, G. (2004). Green Roof Policies: Tools for Encouraging Sustainable Design. Report to Landscape Architecture Canada Foundation. Available at: http://gnla.ca/assets/Policy%20report.pdf (accessed December 18, 2012).

- Olly, L.M., Bates, A.J., Sadler, J.P. and MacKay, R. (2011). An Initial Experimental Assessment of the Influence of Substrate Depth on Floral Assemblage for Extensive Green Roofs. *Urban Forestry and Urban Greening*, 10 (4): 311–316.

- Osmundson, T. (1999). *Roof Gardens: History, Design and Construction*. New York: W.W. Norton & Co.

- O'Sullivan, A., Wicke, D. and Cochrane, T. (2012). Heavy Metal Contamination in an Urban Stream Fed by Contaminated Air-Conditioning and Stormwater Discharges. *Environmental Science and Pollution Research*, 19 (3): 903–911.

- Roehr, D. and Kong, Y. (2010). Runoff Reduction Effects of Green Roofs in Vancouver, B.C., Kelowna, B.C., and Shanghai, P.R. China. *Canadian Water Resources Journal*, 35 (1): 1–16.

- Rowe, D.B., Getter, K.L. and Durhman, A.K. (2012). Effect of Green Roof Media Depth on Crassulacean Plant Succession over Seven Years. *Landscape and Urban Planning*, 104(3–4): 310–319.

- Rowe, D.B., Kolp, M.R., Greer, S.E. and Getter, K.L. (2014). Comparison of Irrigation Efficiency and Plant Health of Overhead, Drip, and Sub-Irrigation for Extensive Green Roofs. *Ecological Engineering*, 64: 306–313.

- Snodgrass, E. and Snodgrass, L. (2006). *Green Roof Plants: A Resource and Planting Guide*. Portland: Timber Press.

- Solano, L., Ristvey, A.G., Lea-Cox, J.D. and Cohan, S.M. (2012). Sequestering Zinc from Recycled Crumb Rubber in Extensive Green Roof Media. *Ecological Engineering*, 47: 284–290.

- Thuring, C., Berghage, R. and Beattie, D. (2010). Green Roof Plant Responses to Different Substrate Types and Depths under Various Drought Conditions. *HortTechnology*, 20 (2): 395–401.

- Umweltbundesamt (2012). Kosten und Nutzung Anpassungsmassnahmen an den Klimawandel. Prepared by J. Trötzsch, B. Gölach, H. Luckge, M. Peter and C. Sartorius. Available at: www.uba.de/uba-info-medien-e/4298.html (accessed December 18, 2012).

- Urban Drainage and Flood Control District (UDFCD) (2010). *Urban Storm Drainage Criteria Manual*, Volume 3, Chp 4, T-4 Green Roofs. Available at: www.udfcd.org/ (accessed May 21, 2014).

- Vijayaraghavan, K., Joshi, U.M. and Balasubramanian, R. (2012). A Field Study to Evaluate Runoff Quality from Green Roofs. *Water Research*, 46: 1337–1345.

- Voyde, F.A., Fassman, E.A. and Simcock, R. (2010a). Hydrology of an Extensive Living

Roof under Sub-Tropical Climate Conditions in Auckland, New Zealand. *Journal of Hydrology*, 394: 384–395.

- Voyde, E.A., Fassman, E.A., Simcock, R. and Wells, J. (2010b). Quantifying Evapotranspiration Rates for New Zealand Green Roofs. *Journal of Hydrologic Engineering*, 15 (6): 395–403.
- Weiler, S. and Scholz-Barth, K. (2009). *Green Roof Systems: A Guide to Planning, Design, and Construction of Landscape over Structure*. Hoboken: Wiley.
- Werthmann, C. (2007). *Green Roof Gardens: A Case Study*. New York: Princeton Architectural Press.
- Wicke, D., Cochrane, T.A., O'Sullivan, A.D., Cave, S. and Derksen, M. (2014). Effect of Age and Rainfall pH on Contaminant Yields from Metal Roofs. *Water Science and Technology*, 69 (10): 2166–2173.
- Ye, J., Liu, C., Zhao, Z., Li, Y. and Yu, S. (2013). Heavy Metals in Plants and Substrate from Simulated Extensive Green Roofs. *Ecological Engineering*, 55: 29–34.

个人通讯参考

- Koehler, M. (2010). Email communication via third-party translator. University of Applied Sciences Neubrandenburg, Professor, Member of FLL Working Group, June 10, 2010.
- Miller, C. (2011). Roofmeadow. President and Professional Engineer. Email and verbal communications.

第五章　案例研究

5.1　小规模和大规模设计场景的介绍

本章使用已建成的项目案例来说明如何将前几章所涉及的原则一起应用于三种不同范围的屋顶设计场景：单块、街区和社区。在前几章中，有人认为，如果要保护和加强市政基础设施，就必须把活性屋顶纳入社会和环境基础设施系统。这些例子说明，将活性屋顶如此设计和理解，在所有范围下都是可能的、积极的和必要的。

这里的五个项目主要基于加拿大西海岸、美国西海岸和德国中部的温带气候。这些项目不仅在规模上不同，而且在方案、资金数额和来源、时间段方面也不同，并且在规划和执行方面都有不同程度的成功。即使是在这一小范围的项目内，也涉及设计世界中各种各样的规划和执行的特质，无数的变数影响着设计的物理形态和成功。项目的时间范围，也展示了对如 LEED 和居住建筑挑战（LBC）这样可持续发展准则的再次强调，以及在过去的 20 年中建筑监测技术的重大发展。这些趋势和发展，使得比以前更有效率、更有用、更复杂且更令人兴奋的活性屋顶工程成为可能。

本章所描述的五个项目的分析主要是被不同城市背景之间的区别所引导，在这些方面，城市的规模和类型会影响某些系统的适用性。除了规模标准外，所有项目都是基于以下几个方面而选出的：

1. 展示了与地面雨洪管理系统相连的广泛型活性屋顶；设置了雨洪管理目标；

2. 确定了可持续发展目标，包括减少能源使用和使用无毒材料；

3. 展示了一个完整的设计团队和过程；

4. 提供了公共空间和丰富的社会文化功能。

5.2 案例分析

5.2.1 单一地块案例：加拿大不列颠哥伦比亚省温哥华的范度森植物园游客中心

5.2.1.1 项目概况 / 目标

范度森植物园的游客中心及其活性屋顶是整体建筑概念的一个例子，而雨洪管理只是其中许多相互关联的项目目标之一。这个具有里程碑意义的项目的设计和实施过程是非常全面的，是建筑、景观设计和生态学领域的咨询师之间成功合作的结果（表 5.1，图 5.1）。

这个项目的整合协作设计遵循了四个宗旨：

1. 教育：传达植物保护和生物多样性的重要性；
2. 示范：提供一个鲜活的例子，说明在现代社会植物园意味着什么；
3. 表现：培养建筑和生态系统之间的关系；
4. 定义：宣告城市中自然的概念。

项目规格：范度森植物园游客中心　　　　　　　　表5.1

位置	加拿大不列颠哥伦比亚省温哥华
完成时间	2011
项目面积	17000m²公顷（游客中心和场地恢复）
项目预算	2190万加元
工程花费	1490万加元
建筑面积	1765m²
屋顶面积	• 活性屋顶–1486m²
	• 蓝色屋顶（水收集）–371m²
奖项/认可	• Lt. Governor奖
	• 生态建筑挑战2.1和绿色建筑评估白金认证（尚未完成）
建设团队（节选）	• 景观设计师：Sharp & Dimond景观设计公司，以及景观设计师Cornelia Hahn Oberlander
	• 建筑师：Busby, Perkins + Will
	• 结构工程师：Fast and Epp
	• 生态：Raincoast
	• 照明设计：Total Lighting Solutions
客户/物主	• 温哥华公园和娱乐委员会
	• 范度森植物园

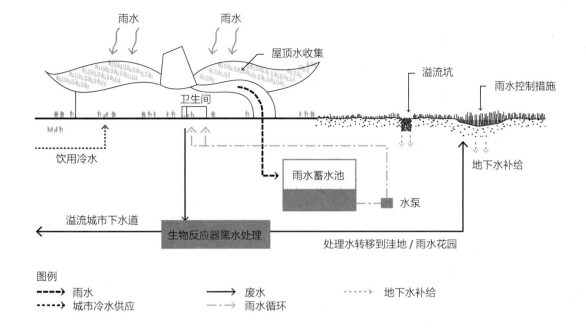

雨水　　　雨水

屋顶水收集

溢流坑　　　雨水控制措施

卫生间

饮用冷水

地下水补给

雨水蓄水池

水泵

溢流城市下水道

生物反应器黑水处理

处理水转移到洼地/雨水花园

图例

- - -▶　雨水　　　　　━━━▶　废水　　　　　‥‥‥▶　地下水补给
‥‥‥▶　城市冷水供应　　━ ━▶　雨水循环

图 5.1
范度森植物园和游客中心：一个整体雨洪管理系统图解［图基于帕金斯和威尔建筑师（Perkins and Will Architects）绘图］

　　建立在传统的植物园和它是人类在自然世界的象征这样的哲学理念的基础上，范度森植物园游客中心根据研究和教育，以及园艺意义上的药用植物和食用植物，和美学上的审美，组织了植物分类。这个最前沿的游客中心重新将人们与当前的环境问题联系起来，其中包括水和能源的保护，回收再利用，本土植物生态之美，以及更健康的建筑工艺流程和产品的设计。

　　范度森游客中心项目是全面运用低影响开发方法的一个显著的例子，它的屋顶径流被收集并交由地面雨水控制措施和一个地下干井处理，后者还为建筑内部提供了灰水的使用。

　　这个占地 5 英亩的项目，场地、建筑和屋顶被设计为足以超过 LEED（绿色建筑评估）白金认证的标准，并注册了卡斯卡迪亚绿色建筑委员会（Cascadia Green Building Council）的 LBC（生态建筑挑战）2.0，这是致力于定义可持续设计的最高标准。所有的建筑细节，材料和规格都经过仔细审查和研制，以反映 LBC（生态建筑挑战）对建筑和设计更健康的标准。

5.2.1.2　材料

　　活性屋顶是由从当地采购和回收的材料所建造的，以满足 LBC 2.0（生态建筑挑战）的要求，并避免使用红色清单材料（指含有对植物、动物和人类有害化学物质的材料清单，例如 PVC 产品）。LBC 的纯净要求意味着建造水和能源的基础设施，包括水箱、石砟（蓝色屋顶），现场生物反应器的房间和保险库，垂直太阳能烟囱和热水太阳能管。这些基础设施都会影响屋顶的设计和可用的种植面积。

5.2.1.3　资源使用和管理

水：通过雨水汇集和现场黑水处理净零。开发了综合雨水管理规划（ISMP），来同时满足生态建筑挑战和绿色建筑评估白金的要求。这些要求分别意味着百分之百的场地雨水和建筑物排水将在现场进行整体管理，并且要达到以下原则：原则 6.1——雨水管理（费率和数量），和原则 6.2——水管理（处理）。

能源：通过太阳能热水、光伏板、地热钻井净零。这个工程的自然通风是通过屋顶上的太阳能烟囱来实现的，该太阳能烟囱将太阳光线转化为对流能量。

5.2.1.4　活性屋顶设计的主要特点

1. 过程

坚持不列颠哥伦比亚省屋面承包商协会（RCABC）的保证，是项目的综合设计过程中一个实际建设政策的例子。根据 RCABC 的要求，这个项目的活性屋顶、屋顶膜和屋顶安装要作为一个完整的投标提交。同供应商一起，包装顾问和结构工程师，广泛地审查和批准剪力墙的设计、位置和安装。

由于其平均 150 毫米、独特曲线形状的轻量级介质规格，需要供应商与景观和建筑团队之间的特殊协调。屋顶被设计为可支持约 220 千克/平方米的负荷。定制的可持续收获（FSC 标准）冷杉独立形状的网壳，胶合板构件支撑屋顶，并且剪力屏障被融入屋顶甲板和膜系统内，以防止活性屋顶系统从屋顶滑落。

2. 活性屋顶植物的选择和站点连接

屋顶形似兰花瓣，反映了太平洋西北沿海草原群落，包括 20 多种（数量上约 14000 株）原生植物、原生多年生球茎，以及定制的羊茅草籽混合物。现场分级将现有的植物园引入屋顶，在主要到达桥、上层露台、餐厅和街道以及整个花园之间形成重要的视线，从而加强建筑/场地之间紧密连续的关系。连续的绿地空间也创造了一个野生动物走廊。低生长的羊茅只需要很少的割草和施肥，并在冬季休眠。屋顶没有人工灌溉系统，地面花园景观也同样没有。因此，屋顶植被的生存依赖于最适合当地气候的植物选择，以及与植物园园艺维护团队一起开发的专门维护规划。

3. 活性屋顶装配

屋顶的起伏平面模拟了从 5% 平缓坡度到接近垂直坡度的缓坡和小丘。由于这些不同的屋顶轮廓，运用了不同的系统来使得屋顶的种植成为可能。这些系统包括用于生长介质保留和侵蚀控制的工程袋；在结构的陡峭区域内建有防水剪切障碍物，防止系统滑动；还建立了互锁的蜂窝形模块，以将生长介质保持在极端斜坡区域。整个系统还包括机械根（部）屏障；防剪土工布保护垫生长介质保留模块；与专业活性屋顶公司和当地供应商合作开发的定制生长介质混合物；和一个在泄漏检测系统、根屏障盖板和排水垫之外添加的双层SBS膜。

4．雨水收集

屋顶是该项目水资源保护战略的基石，拥有六个独立的波形屋顶花瓣：两个蓝色屋顶用于收集水和太阳能热水管，以及四个花瓣形屋顶用于种植。来自活性屋顶的径流被引导到现有的溪流、增强的渗透床和湿地，以及地下蓄水池。雨水收集池是建筑物下面的一个 134000 升的水箱。灰水被过滤并用于厕所和小便池。

尽管市政府要求供水和下水道系统必须连接到城市服务，但（范度森植物园）游客中心是温哥华 45 年来首批在现场处理黑水（使用生物反应器废水处理系统）的建筑物之一。来自厕所和小便池的黑水被回收并送到生物反应器进行处理，被导向渗滤场，然后返回到周围的花园湿地。通过这个综合过程，该项目作为离网水系统的一个真正的净零案例，表现相当出色。

5.2.2　单一地块案例：美国俄勒冈州波特兰，波特兰港（总部）

5.2.2.1　项目概况 / 目标

波特兰港总部位于两条活跃的飞机跑道之间，是一个十层结构，作为波特兰港总部的一个长期的办公室和停车场的一个长期港口（表 5.2，图 5.2）。早期的初步设计目标包括坚持波特兰对可持续发展实践的追求。为了实现这个目标，港口寻求一个达到了 LEED—NC（绿色建筑评估 – 新建筑）黄金级别最低要求的高功能性建筑要求，同时瞄准了 LEED—NC 白金级别的认证，这在 2011 年已经实现。实现这个绿色建筑认证标准意味着建筑要包含许多生态友好型系统，包括有效利用采光和日光采集，外部玻璃和阳光遮罩，地热采暖和制冷，靠近净零（90%）的废物分流，低流量水装置，一个非常明显和突出的特色活性机器和两个活性屋顶，这些都有助于节省能源，降低运营成本。因此，这是波特兰第一个这样的建筑，并且带来了社区的自豪感和兴趣。

5.2.2.2　材料

所有使用的材料都是非持久性的、无毒的，并且从再利用、再循环、可再生或普遍存在的来源（例如禁止 PVC 产品）采购。建筑使用的木材是 FSC（森林管理委员会）认证的或回收利用的木材。低 VOC 排放或无 VOC 排放的油漆、涂料和材料被用来提供高质量的室内空气。

项目规格：波特兰港   表5.2

位置	美国俄勒冈州波特兰
完成时间	2010
项目面积	48500m²
项目预算	2.41亿美元
工程花费	2.36亿美元
建筑面积	19045m²
屋顶面积	• 第10层是广泛型生态屋顶-930m² • 第8层密集型生态屋顶-650m²
奖项/认可	• 2011年通过绿色建筑评估铂金（LEED Platinum）认证 • 2011年获得美国景观设计师协会的俄勒冈章荣誉奖 • 2011年被评为俄勒冈日报商业顶级项目，最优秀的展览建筑和5000万美元以上的公共建筑第一名
建设团队（节选）	• 景观设计师：Mayer/Reed Urban Design • 建筑师：ZGF建筑师事务所 • 结构工程师：KPFF • 土木工程师：HNTB Corp. • 机械工程师：PAE Consulting • 建筑公司：Hoffman Construction Co. • 屋顶绿化安装工：7 Dees Landscaping，Inc.
客户/物主	• 波特兰港

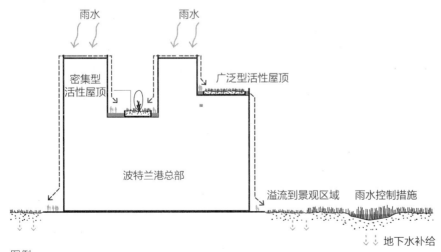

图 5.2
波特兰港总部（活性屋顶）系统图解

5.2.2.3 资源利用和管理

水：两个活性屋顶和地面景观元素的设计与港口的全区域雨水管理系统相结合，后者减少了来自其所有与陆地有关的基础设施表面（如飞机、汽车和建筑物）的径流。广泛型屋顶降低了峰值流量，冷却了高温屋顶表面的径流温度，并捕获了来自第 10 层屋顶非植被屋顶区域的径流，然后将径流导入全区域系统（City of Portland，2010）。径流运输没有暴露在外面，也没有相邻的地面绿色基础设施系统来接收径流，以免将鸟类或其他野生动物置于港口基础设施活动的风险之中。

这两个活性屋顶被设计成可以通过雨水保留和滞留以及通过有效的灌溉系统来节省水。系统设计确保人工灌溉的需求不会显著超过降落在或流过现场的降雨量。对于第十层的广泛型活性屋顶，为了植被的建立安装了一个临时的，用定时器启动的人工灌溉系统（由一个标准的弹出喷淋系统，一个 25 毫米的主管线，以及 19 毫米和 13 毫米的喂料器组成）（City of Portland，2010）。人工灌溉被设定为一至两年，并在植被建立后关闭。该系统会被保留以防止未来的补种需要，并且仅在极度干旱期间使用。雌雄蕊亚纲、景天属和刚玉属植物的选择减少了灌溉的需要。这种精心挑选的混合物是耐旱的、本土的或可适应的，对水的需求少，并且可以良好地适应当地的气候和生态环境。通过旱生园艺来降低灌溉量，可以进一步提高屋顶的雨水管理效率，同时也为植物、无脊椎动物和传粉者创造了栖息地。

由于建筑物近期的建设，没有进行官方监测。但是，2014 年夏季将进行城市审计，作为维护该建筑物 LEED（绿色建筑）认证标准的一部分。波特兰南海滨区也正在进行全社区的性能评估，并即将提供该社区的总体雨水管理绩效数据。

能源：为了帮助减少能源使用，两个活性屋顶的隔热功能都被使用，来促进建筑物内部温度的调节。屋顶降低了建筑内部的温度。在城市审计完成后，确切的数字也将可用。

5.2.2.4 活性屋顶设计的主要特点

1. 过程

设计目标源自设计师、业主和员工之间长达一年的相互协调过程。这个项目的成功和预算目标的达成很大程度上是由于前期协调的作用。因为这个港口建设的全部原因是为了基础设施和场所的运营和维护，港口总部项目具有独特的优势，可以从综合的、精心策划的流程中受益。

为了保持一个成功的整合设计流程的方法，港口所有部门都被纳入规划咨询过程，包括办公室、运营、维护和野生动物工作人员。由于其位于总部大楼北侧的地方，毗邻活跃的波特兰国际机场，第十层广泛型活性屋顶的景观设计很大程度上被关于野生动物的健康和安全方面的顾虑所影响。这种顾虑不影响植物多样性，但影响种植设计（植物品种和形状），而且这样可以避免吸引鸟类，免得其位于飞机飞行路线附近而造成伤害。通过大量的测试和实验，港口野生动物管理局制定了一个可持续的规划，可以被动地管理港口地区包括总部大楼附近存在的野生动物。野生动物管理小组发现，在第十层"生态屋顶"（波特兰对于"活性屋顶"的优选术语）种植低生长景天品种对鸟类没有吸引力。八楼的园景露台也种植了密集型的灌木和草，以防止鸟类在此栖息。

波特兰总部港口项目是一个案例，说明了政府的激励措施如何以某种方式支持政策驱动的设计。为了表彰项目团队为最大限度地提高该项目的雨水减排能力所做的努力，波特兰市环境服务局授予该项目 50530 美元的生态屋顶奖励拨款。这笔拨款占了十层活性屋顶总花费 193341 美元的 25%。无可否认，港口的融资能力是惊人的（项目总预算为 2.41 亿美元），对于这样一个大规模的项目来说，这样的激励措施不能算是地方政府通常制定的政策的一个例子。无论如何，这个表示也许是象征性的。在授予这笔赠款时，波特兰市通过奖励可以抵消市政基础设施服务的设计，表明了其对可持续发展政策的承诺。这个补助规划自那时之后一直停止，因为它只在有限的时间内得到资助，但是未来项目的开发者有很大的希望能够重新获得补助金。

2. 十层"屋顶生态"（广泛型活性屋顶）

这个广泛型活性屋顶的植物选择包括本地的、耐旱和低生长的景天品种。这种选择为小型生物提供了一个可行的栖息地，但是对当地鸟类没有什么吸引力。从项目建成的一年起，活性屋顶一直是蜜蜂活跃的热点地区——这对屋顶生物多样性达成了意想不到但大受欢迎的成就。2012 年春天，安装了一个养蜂场。蜜蜂活动在总部工作人员无法访问的地区受到鼓励，使建筑物的居民能够继续安全地活动。

第十层活性屋顶是由一个 100 毫米的生长介质构成的。该组件作为一个标准模块系统（由 30 厘米 ×60 厘米的预生长托盘组成）安装，并与根屏障一起直接安装在 TPO——膜屋顶甲板上。由于模块尺寸可控，预生产的托盘装配迅速，产生了"瞬间绿色"的效果，减少了杂草的初始建立。项目完成四年后，托盘已经固定，植物也健康生长，并且只需要很少的维护。

第十层活性屋顶的排水坡度只有平缓的 1.5%。排水沟和周边边缘被河流岩石镇压着。沿着屋顶外缘的。维护通道为了屋顶和玻璃窗被分别给予了很大的面积。防水措施被高度重视，迄今为止，没有发生渗漏（Timmerman，2014）

屋顶元素以受保护的植物区域、没有障碍的庭院和有障碍的庭院组成的组合为特色。通过在两个露台周围以及广泛型活性屋顶区域的整个周围使用护栏，已经提供了安全保护功能。

3. 第八层"生态屋顶"（密集型的活性屋顶）

位于波特兰港总部大楼南侧，密集型的活性屋顶和露台是为工作人员和游客准备的户外设施。在 300 毫米和 600 毫米之间的生长介质深度，生长着各种地面覆盖物、观赏草、灌木和小树。屋顶既是居民使用的活动空间，也是一个被动的映衬设备，不管对于本体还是周围环境来说。半私人就座壁龛的形式和隔离的定义是由风化钢花盆创造的。景观平面向上倾斜，屋顶西南边缘的植被较矮，东北边缘的植物较高，突出了更远处的森林，同时提供了对跑道和停车场上层的视觉和声音遮挡。

5.2.3 单一地块规模：美国俄勒冈州波特兰，米拉贝拉和南滨海区

5.2.3.1 概况

南海滨中心区（SOWA）位于威拉米特河西岸，在波特兰市中心以南 1 英里处，是一个 42 英亩的前工业棕地（表 5.3，图 5.3）。它原来包括混合使用的，高层住宅单位、街头零售、毗邻面和一个公园，现在则是由私人土地转变成了一个新的邻里。成为可持续设计的示范社区是它新发展的首要目标——这将有助于其河边区域特性持续不断的加强和进化。为实现这一目标，社区坚持精明增长的原则：通过聚集社区资源，投资和连接公共交通，治理和减缓雨水径流，改善水质，减少整个社区的环境足迹，来缓解城市蔓延。

项目规格：南滨海区　　　　　　　　　　　　　　　　表5.3

位置	美国俄勒冈州波特兰–南部滨海区
完成时间	2008
项目面积	17000m²公顷（之前的棕地面积）
项目预算/花费	2.22亿美元
建筑面积	46500m²
屋顶面积	• 第7层广泛型屋顶 • 第8层广泛型屋顶 • 第25层"生态屋顶"–120m²
奖项/认可	• 绿色建筑评估白金认证 • 2012年第8届Hospitality Design Awards for Creative Achievemont，入围决赛

位置	美国俄勒冈州波特兰－南部滨海区
奖项/认可	• 第34届城市土地学会（ULI）2012年全球卓越奖（Global Awards for Excellence），入围决赛 • 2011年第49届金砖奖（Golden Nugget Awards），获两项优异奖（merit awards）
建设团队（节选）	• 景观设计师：Mayer/Reed • 建筑师：Ankrom Moisan Associated Architects • 结构工程师：Kramer Gehlen & Associates Inc. • 土木工程师：Otak • 机械工程师：Glumac • 建筑公司：Hoffman Construction Co. • 专业绿色屋顶安装工：Snyder Roofing
客户/物主	• Pacific Retirement Services

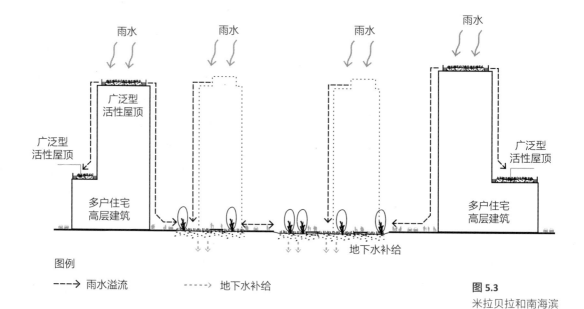

图例

---→ 雨水溢流   ----→ 地下水补给

图5.3
米拉贝拉和南海滨区的雨水径流系统图解

每个高密度城市街区都由公共硬质景观空间，公共植物空间，步行街道和活性屋顶以及一个整体雨水处理策略组成。活性屋顶是南部海滨地区雨水管理的一个重要方面，也为高密度住宅楼的居民创造了舒适的空间。

5.2.3.2　项目概况 / 目标

对米拉贝拉项目这个30层退休社区来说，它的灵感是建立在人类的健康和与自然接触这两者有直接关系的基础上的。这种接触可以被视为人类与那些支撑健康的自然过程之间最基本的联系。这些过程包括食品生产、提供新鲜空气、创造一个舒适的户外环境，这些让居民在被社区包围时，也可以在户外锻炼。由于波特兰人口老龄化严重，为波特兰老年人口提供更高生活质量的目标促成了该项目的总体设计模式和目标。

可持续发展目标超越了 LEED 白金认证的标准，而这个认证是通过景观设计师和其他技术团队的设计师和工程师的密切合作而获得的。这个项目被认为是其所在社区的一个缩影，因为它对于环境和社会可持续性的理念和方法，成为其他退休社区（改造）的先驱。为此，融入广泛型和密集型活性屋顶，从而来管理雨水。节水、耐旱植物和对野生动物的吸引力，是该项目设计和功能的核心。为了治理和管控雨水径流，雨水花园和植被洼地也被纳入整体花园露台策略。

5.2.3.3　活性屋顶设计的主要特点

1. 过程

设计团队仔细考虑了微气候、风、阴影和眩光控制，来使得米拉贝拉的户外空间尽可能多样化，吸引人并且易于使用。五层露台花园和三层结构上的生态屋顶被纳入并分散至整个建筑，从二十五层直到街道层面。波特兰市中心和远处森林山坡的美景可以从向西延伸的户外花园露台看见。花盆和棚架将活性屋顶分隔成多个户外空间，用于安排好的活动和私人使用。因为设计团队认为居民最有可能在春末和夏季到外面活动，所以选择了具有观赏性的本地植物群落，以便他们能够欣赏在此期间开花的各种季节性植物。

因为现场工作人员众多，而且由于城市环境的影响，升迁空间有限，因此施工期间的协调工作受到重视。这些因素降低了材料到达现场以及安装的效率。对现有的街道景观采取了特别照顾，以确保其得到保护。这包括拆除和重新安装的 930 平方米的混凝土铺路石。

设计团队是一个典型的设计顾问联盟，包括建筑师、景观设计师、结构工程师和各种屋顶安装工。由于安装活性屋顶的参与人数较多，最终会对施工后项目的维护造成困难。出于这个原因，这个案例研究对于说明设计意图和设计应用之间的潜在脱节问题特别有用，在此，项目的成功因为项目实施的现实问题，各城市法规的限制以及建造完成后建筑设施管理的性质而受到危及。既有复杂项目又有先进环保建筑系统的新建筑往往意味着建筑设施管理人员的流动频繁。米拉贝拉的建筑设施管理团队缺乏一个活性屋顶维护手册，不一定是因为它不存在，而是因为在频繁的人员调整期间很可能已经失去了。据报，米拉贝拉在入住的前 6 个月内看到了三个不同的设施主任（Hart，2014）。这些状况作为一个警示，说明当其他建筑系统维护问题变得很繁重时，像活性屋顶这种特征的维护往往会被推到一边，尽管它是 LEED 白金认证的重要卖点，退休社区就是这样的一个例子。

抛开流程上的失误，米拉贝拉的设计为居民创造了一个非常受欢迎的退休社区，并且具有一些值得赞赏的、综合低影响开发设计特点。

2. 雨水收集

二十五层的活性屋顶由 120 平方米的大面积种植组成，通过安装了 14000 多个插头而建立起来。排水层由多种材料组成，从一些区域的轻量级填充到其他区域的 10 英寸排水岩石。第七层和第八层的活性屋顶具有广泛的浅层生长介质形态和耐旱植物，以最大化雨水处理性能。广泛型活性屋顶提供滴灌。

雨水通过内部排水系统溢出到雨水花园和建筑北面的生物洼地，然后倒入一个高度可见的分层排水孔。排水孔可以捕获多个屋顶的溢流。五楼的屋顶甲板是一个坐落在排水区域上面的硬景观露台。屋顶甲板还拥有多个高大植物的盆栽。这些盆栽的溢出也会渗入排水区域，并连接到地面雨水控制措施（Hart，2014）。

像波特兰港总部项目一样，米拉贝拉活性屋顶的整体性能还没有被评估，因为这座建筑刚刚修建没多久。在屋顶安装过程中，在其中一条灌溉线上安装了一个水表，但屋顶监测设备在整个建筑内并不普遍，从而难以对灌溉用水进行全面分析。有一个对米拉贝拉的表现 3—5 年监测规划正在进行中。所有收集的数据将与南部海滨区的邻近建筑物进行比较。直至 2013 年 1 月，整座大楼才全部入住，因此很难评估确切的资源利用效益（包括能源和水资源消耗），因为这些数据在不断变化。

3. 经验教训

米拉贝拉项目的初步的规划过程没有强调维护保持的重要性，也没有有效地界定建设后的顾问责任，从而使之受创。

维修手册的缺乏导致了活性屋顶维修问题。为了确保植物健康，在秋季和冬季期间不时对屋顶进行视觉检查，在夏季则每星期一次由组件安装人员对灌溉进行监测。然而，则发现二十五层活性屋顶的屋顶膜已经被屋顶突起物折损，导致下面的住宅受损。由于设计合同中本应清楚列出的责任链条在此时并不明确，没有顾问团队的成员愿意为屋顶膜的折损承担责任。迄今为止，泄漏已经修复了一次，结果不理想，但该区域仍然没有被种植。目前的建筑设施经理对于广泛型活性屋顶，如何运作，组装和维护等综合信息的缺乏表示沮丧和遗憾。特别是对于这个场地，缺少关于泄漏维修的信息，包括和谁联系以及遵循什么程序。尽管该项目取得了许多成功，米拉贝拉仍然是当前和未来建筑业主及其维护团队的警示故事。

另一个教训是，由于建筑物所有者担心要负责的生命安全责任，有时会妨碍活性屋顶的可达性。这意味着在规划阶段的屋顶无障碍设计意图必须传达给建筑物业主／未来的建筑物管理者，并计算在建筑物运营的风险管理中。尽管设计团队的目标是允许居民追求都市农业和园艺，并提供了必要的生命安全元素（设计团队为 25 层花园指定了易于维护的植物，并设计了足够的护栏），然而米拉贝拉运营管理不允许居民有进行园艺种植的机会。居民已经表达了参与城市农业的意愿，但监控风险管理是建筑要承担的一个额外的任务。

5.2.4 街区规模：德国柏林波茨坦广场戴姆勒–克莱斯勒项目

5.2.4.1 项目目标

波茨坦广场是成功将雨水基础设施与社会基础设施相结合的大规模项目的典型例子（表 5.4，图 5.4）。

作为世界上第一个这种规模的，由多个建筑组成的具有多个项目的城市工程，它仍然是展现如何通过高度协作的设计过程，来实现具有环境意识的创新方案的主要范例。该项目启动了所有设计顾问之间的合作，以找到一个城市规模的综合系统解决方案，来减缓高峰雨水径流和对市政供水、灌溉和水景的高要求。该解决方案是通过使用建筑群里全部 19 个建筑物上的活性屋顶所收集

项目规格：波茨坦广场   表5.4

位置	德国柏林
完成时间	1998
项目面积	17000m²（雨水采集与处理）
项目类型	混合，住宅，商业，休闲
项目预算/花费	1380万美元（在1998年）
屋顶面积	• 19层，净17000m²
减少/处理的水量	• 每年23万升
奖项/认可	• 全球首个内城街区雨水管理项目
建设团队（节选）	• 景观设计师（活性屋顶）：Krueger und Moehrle Stuttgart/ Berlin 项目景观设计师：Daniel Roehr
	• 景观设计师（水景）：Atelier Dreiseitl
	• 建筑师：Renzo Piano（master planner），Richard Rogers，Lauber und Woehr，Rafael moneo，Arata Isozaki，Hans Kollhoff
客户/物主	• 戴姆勒–克莱斯勒公司，直到2009年

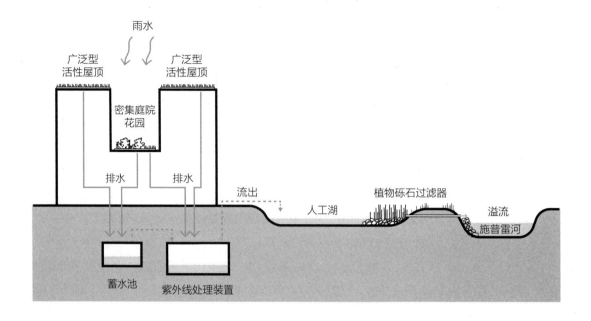

图 5.4
波茨坦广场雨水径
流系统图

的雨水来实现的。该系统减少雨水径流并回收雨水，以用于密集型的活性屋顶灌溉、便器冲洗、防火安全喷淋供水，以及向公众可进入的地面人造湖泊提供饮用级回收水。

这个项目是作为一个完整的雨洪管理系统运行的。由于项目位于地下停车场之上，且停车场覆盖了波茨坦广场的整个范围，屋顶的雨水径流无法到达地面，作为地面补给。相反，径流首先被紫外线技术处理，然后将处理过的水收集在位于波茨坦广场地下停车场的蓄水池中，以避免消耗更多宝贵的地上可用空间。在补给了波茨坦广场的人工湖（这个项目的一个主要特点）和灌溉屋顶之后，来自蓄水池的过量净化水被设计成溢流排到附近的河流中。

5.2.4.2 活性屋顶设计的主要特点

1. 过程

由于波茨坦广场项目的规模庞大，且有大量不同的设计顾问，因此有必要（制定）一个所有设计顾问参与的综合规划过程。有关各方处理的最复杂的问题是责任的定义和个人任务的分配。例如，关于是否由结构工程师独自负责计算干湿条件下密集型活性屋顶庭院的重量，还是景观设计师也需要负责，还有很多诸如此类的讨论。因此从一开始就很清楚，早期沟通是必要的，而责任分配也需要迅速解决。

遵守德国规划许可政策是设计和实施活性屋顶的主要驱动力。这项政策要求提供社会空间并抵消潜在的负面环境影响。总之，这项政策要求在城市的某个地方设置有透水覆盖层的舒适的公共空间，以抵消任何建造的不透水地表覆盖物对水文循环的破坏。该空间可以在地面或场地之外（例如，在低收入和 / 或社会资源贫乏的社区中的操场）或在该场地的地面以上（例如有植被的屋顶区域）。为了满足城市对于降低市政用水需求的愿望，人工湖必须用回收的雨水进行填充。这就意味着屋顶雨水径流的质量必须在现场升级为饮用水。这确保了项目的水景和灌溉用水将独立于市政供水。

2. 社区的主要获益

波茨坦广场最显著的特征之一，就是它成功地运用了现有的规划政策，来鼓励创新的整体设计和拥有共同目标的密切公私合作伙伴关系。这个项目的庞大规模被认真地对待，设计目标则重点关注于解决与这种发展规模相关的设计问题。以波茨坦广场的情况为例，创建了 19 个活性屋顶来减轻对环境的影响。除了减轻不透水街区对水循环造成的潜在破坏外，活性屋顶还提供了显著的小气候冷却，减少了夏季的空调使用。

对规划许可政策的考虑也是在设计时关于社区利益的必不可少的一点。是对规划许可政策的考虑。由于在现场提供了住房，在拟议的住房区附近则必须提供儿童娱乐空间。以波茨坦广场的情况为例，地面上没有可用的区域。因此，游乐区被融入大楼停车场上方的庭院中。这些密集型活性屋顶区域种植着灌木和树木，而这些植物的需水量较高，需要提供灌溉。从屋顶采集的水是为灌溉提供的，旨在创造一个种植着茂盛植物的、切实可行的儿童游乐场。

3. 雨水收集

景观设计师克鲁格和莫尔（Krueger & Moehrl）设计了该项目的密集型和广泛型屋顶。广泛型倒置屋顶组件的深度在 15—25 厘米之间，由不同制造商生产的材料组成，包括一层合成排水垫和一层额外的土工复合排水垫。这个附加层用于为倒置屋顶组件提供额外的空气缓冲，以促进屋顶浮动隔热层下的水分蒸发。

施工之前，在柏林技术大学测试了三种主要为惰性培养基的生长介质混合物，以监测可能增加地面人造湖藻类生长的养分渗漏（Köhler & Schmidt，2003）。由于生长介质的适宜选择，从而减少了养分渗漏，以及与藻类生长有关的问题。

该项目于 20 世纪 90 年代初开始建设，当时活性屋顶的雨水管理研究还处于初级阶段。蓄水池的大小是根据屋顶的暴雨径流而设计的，并没有考虑到活性屋顶。在这个过程中，相对于屋顶产生的径流量，蓄水池的体积过大，但相比灌溉的需求量却又过小。因此自该项目建成以来，为了能在日益频繁的干旱时期里灌溉花园，蓄水池使用来自市政的额外供水。

这使得作者在这种情况下做出了一个大致的、谨慎的假设，即波茨坦广场的屋顶具有很高的雨水容量。日前已有的研究表明，在屋顶上可以预测更精确的雨水保留能力。在这个背景下，这个项目案例可以作为一个教训，来体现精确模拟雨水径流的重要性，从而使得蓄水池中可用的水（集水）和给地面低影响开发元素的供应是充分设计的，且不会影响设计目标。

5.2.5 邻里范围：在美国俄勒冈州波特兰，特里翁溪的上游源头

5.2.5.1 项目目标

特里翁溪源头发展项目，是一个邻里规模项目的典型案例，其成功地构思并实施了一个支持将低影响开发（LID）作为一种在生态和社会上负责的设计方法的项目（表5.5，图5.5）。它也展示了一个系统的思维模式，对于雨水管理和将水资源作为具有内在社会价值的生态资源的认知是固有的。通过全面的低影响开发策略，以及强调雨水管理和其他环境可持续性目标，使得这个项目对于城市发展、社会和生态投资，生态更新的目标得以展开。

这个项目也是一个将活性屋顶在低影响开发系统内实施，并在邻里范围内应用的开发案例。来自活性屋顶的径流被引导至地面层次，覆盖着植被的径流

项目规格：特里翁溪源头   表5.5

位置	美国俄勒冈州波特兰
完成时间	建筑和湿地改善：2010年12月 雨水花园：2008年
项目面积	11650m² 6900m²（雨水采集与处理）
项目类型	• 混合的多户住宅
项目预算/花费	• 2725万美元
屋顶面积	• 1个大的和6个小的广泛型屋顶，净1390m²
减少/处理的水量	• 600万升
奖项/认可	• 绿色建筑评估白银认证（Silver LEED）（Dolph Creek Townhomes） • 2011年第49届金砖奖（Gold Nugget Awards）：两个优异奖（merits awards）
建设团队（节选）	• 景观设计师：GreenWorks PC
	• 建筑师：Sullivan Architects（多尔夫河联排别墅） Vallaster & Corl Architects（源头的村庄和水源公寓的设计者）
	• 土木工程师：MGH Associates
	• 河流修复：Inter-Fluve Inc
客户/物主	• 吉姆 温克勒（Jim Winkler），Winkler Development Corp

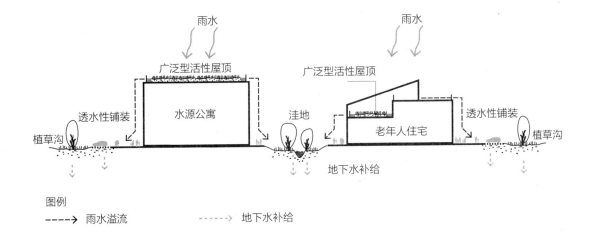

图例
----→ 雨水溢流   ------→ 地下水补给

图5.5
特里翁河雨水径流
系统图

保留元素（植草沟），这些元素通过暗渠传输，并由一个大型雨水花园进行进一步的管理和减轻，这是一种更大规模的设计干预措施。

　　作为项目的结果，邻里密度的提高涉及对于170个单位的各种新住户，多户家庭，市场住房类型的供给。同时，该项目将场地的不透水面积由开发前的84%降低到了55%，并且恢复了河岸湿地的栖息地，从而改善了径流质量，减少了径流的体积，速度和温度，不仅在场地自身，而且还包括下游。

5.2.5.2　活性屋顶设计的主要特点

1. 过程

　　该项目的一个主要亮点是特里翁溪暗渠的日照采光。这个概念得到了该场地的开发者Jim Wrinkler的支持。特里翁溪源头的项目也是一个公私合作的成功典范，因为日照采光是由开发商发起的，然后开发商与波特兰市密切合作，规划解决实现这一目标的背景、财务和后勤限制（Craig，2007）。在两个毗邻地址，邻近办公楼和公寓楼的业主都对此表示了支持，通过重新安置车道来优化河道的大小，但是没有任一建筑物损失了任何停车位，证明了在雨洪管理基础设上，疏散式、邻里规模的改善是可行的。在波特兰市，包括环境服务局（BES）在内的许多公共组织和机构在规划、筹资和建设的过程中都深度参与其中。环境服务局现在管理场地的公共区域，包括项目西边的街道和雨水花园。

2. 社区的主要获益

　　特里翁溪源头项目最大的胜利在于其整体价值，而不是孤立的设计干预措施。这是一个例子，展现了活性屋顶只是雨水管理大目标的一个组成部分时的情况。整个项目的基石是特里翁溪的日照采光，它有许多好处，包括河岸湿地走廊的恢复。随着瞭望台、木板路和解释性的水景观的补充，这个新的野生动物栖息地不仅是附近居民的天然户外活动场所，也是场地表面流动的主要渠道，同时，它作为一个威拉米特河的供给溪流，具有显著的生态价值。

3．雨水收集

雨水的管理发生在整个场地，包括用于接收来自屋顶和房屋之间巷道的径流的小型沼泽。然而，该场地也是一个邻里规模的雨水管理系统，鉴于现场的多个元素都为该地西部的一个大型雨水花园供水。

特里翁溪源头项目开发场地的系统由多种交叉的组件构成，在许多情况下，它们是相互依赖的组件。这些组件包含以下内容：

A．三个居住建筑群，包括：

1．多尔夫溪的联排别墅（Dolph Creek Townhomes）——沿着 SW Dolph 街道，在其南边的一排联排别墅。

2．水源公寓——位于西 30 号大街以东的两栋公寓楼，由一座三层天桥连接，让新见光的溪流可以不间断地通过该物业。

3．位于源头的村庄——沿着 SW Marigold 街道，在场地北边的老年人居所。

B．可渗透铺面的停车位和一个流通式植物盆箱的系统来管理径流。

C．由三条道路组成的交通网络被改成了绿色街道。这些街道现在排满了树木和洼地，占各自集水区面积的 2.5%—9%。洼地会随着季节的变化被填满和清空，（也会）随着雨水从系统的一个部分流向下一个部分，展现出雨水的汇集和流动。

D．一个经过修复的湿地走廊，东西贯穿整个工地，且只有两个地方被覆盖，让现有的 SW Dolph 小街和 SW Marigold 街道可以畅通无阻。特里翁溪源头公园的雨水花园保留了小溪的多余雨水。

E．特里翁溪源头公园的三室，1.5 英亩的雨水花园，以及一条 45 米长的水槽将溪流从开发地点引至西三十大街以东。虽然暴雨模拟仅产生了 72% 的雨水滞留，但仍在继续进行着监测和改进，以最大限度地优化。这不仅仅包括雨水花园，还有整个场地其他地区的雨水管理。

F．两种不同的尺寸的活性屋顶：

1．在老年人居所的一个 1300 平方米广泛型活性屋顶。这个屋顶有 100 毫米的生长介质，并混合种植了草药和多肉物种。这个活性屋顶还有更大的生态价值，因为它也安置着为大楼供电的光伏板。

2．在 14 个联排别墅建筑群的六个大广泛型屋顶。所有非植被的屋顶区域的表面水流和偶尔的植被屋顶溢出水流被转移到雨水主要出口，排泄至地面上的流通花盆。花盆的溢出则再次流入小溪。虽然老年人居所的（活性）屋顶设计几乎没有任何视觉价值，鉴于其是广泛型且护栏较为朴素，但是多尔夫溪联排别墅的活性屋顶从邻近的公寓楼和老年人居所都可以看到。

参考文献

- Blum, A. (2008). Head Waters at Tryon Creek. *Real Estate and Construction Review*. Available at: www.winklerdevcorp.com/pdfs/Real%20Estate%20and%20Construction%20Review. pdf (accessed October 16, 2013).
- City of Portland Oregon. Bureau of Environmental Services. Headwaters at Tryon Creek. Available at: www.portlandoregon.gov/bes/article/299240 (accessed October 16, 2013).
- City of Portland (2010). Final Project Report for Ecoroof – Port of Portland Office Headquarters Office and Parking Structure (HQP2). Bureau of Environmental Services. Available at: www.portlandoregon.gov/bes/article/326716 (accessed October 25, 2014).
- City of Portland. Bureau of Environmental Services (2014). Ecoroof Incentive. Available at: www.portlandoregon.gov/bes/48724 (accessed July 26, 2013).
- Craig, R. (2007). Water World. *Eco-structure. com*. Available at: www.winklerdevcorp. com/pdfs/greenscene.pdf (accessed October 16, 2013).
- dennis7dees.com (2012). 2012 Grand Award - The Mirabella. Weblog post, September 25, *Commercial Landscape*. Available at: www.dennis7dees.com/2012/09/25/2012-grand-award-the-mirabella/(accessed June 17, 2014).
- Hahn O berlander, C. and Larsson, K. (2013) VanDusen Botanical Garden Visitor Centre: Growing a Garden for 21st Century, email communication, Febraury 26, 2013.
- Köhler, M . and Schmidt, M . (2003) Study of Extensive "Green Roofs" in Berlin – Part III Retention of Contaminants, trans. Saskia Cacanindin. Available at: www.roofmeadow.com/wp-content/uploads/Study-of-extensive-green-roof-in-Berlin_rev2.pdf (accessed July 20, 2014).
- Liptan, Tom. The Living Campus and Neighborhood: Tryon Creek Headwater Project. City of Portland. *Living Futures Conference 2009*. Presentation Slides. Available at: http://cascadiapublic.s3.amazonaws.com/LF09%20Presentations/FriAM/LF09_ LivingCampus&Neighborhood.pdf (accessed O ctober 16, 2013).
- Liptan, Tom, Wahab, Amin and Cunningham, Casey (2010). Watershed Functions as the Basis for Selecting Low Impact Strategies – Case Study: The Tryon Creek Headwaters Development. Low Impact Development International Conference 2010: Redefining Water in the City. San Francisco, California. April 11–14, 2010. Conference Proceedings: *Low Impact Development 2010*, edited by Scott Struck and Keith H. Lichten. *American Society of Civil Engineers* (2010): 1730–1745.
- Timmerman, Lisa (2013). Ecoroof Buzzes with Activity. Weblog post, August 9, *Port Currents*. Available at: www.portlandoregon.gov/bes/article/326716 (accessed July 26, 2014).

个人通讯参考

- Hart, J. (2014). Director of Facility Services, M irabella Portland, Portland, Oregon, telephone conversation.
- Patterson, J. (2014). Engineering and M aintenance Supervisor, M irabella Portland, Portland, Oregon, telephone conversation.
- Timmerman, l . (2014). Environmental Outreach Manager, Port of Portland, Portland, Oregon, telephone conversation.

第六章　展望

在过去的 20 年间，研究已经帮助确立了活性屋顶对建筑的好处。从传统的屋面发展战略延伸到生态系统服务的技术，活性屋顶可以作为一个可行的选择，来替代传统屋面技术在新建和改造项目中进行应用。活性屋顶的好处是多方面的，包括提供环境、社会和基础设施服务。其中，形式与功能之间的联系，尤其是在促进雨水管理的方面，是这本书所倡导的。

尽管相关研究和产业在迅速增长，但很少有规划手册提供了全面的指导，让我们能做出明智的设计决策，以助于在城市建立水敏性屋顶环境。本书开始填补这一空白，为雨水减缓提供了定性规划策略和定量设计建议，同时也承认现在的科学认识还在相对较早的阶段。这本书并不是作为一个建筑手册。我们试图提供现实合理的表现期望，并认识到当前技术的局限性。本书的内容是针对设计专业人士、建筑物所有者、政府、环境利益相关者、研究人员和学生的。

我们的观点是，活性屋顶必须成为城市规划、工程和建筑设计不可缺少的部分——鉴于它们必须提供的多种多样的好处。这是一个雄心勃勃的目标，因为全球大多数市镇仍然缺乏全面的活性屋顶设计导则，一些地方除外，著名的有多伦多、西雅图、波特兰、芝加哥、纽约、墨尔本、斯图加特、林茨、伦敦和柏林。活性屋顶只有在以下因素发挥作用的情况下，才能嵌入到市政政策之中：第一，建筑师、景观设计师、工程师和城市规划者在他们个人的建议中，必须积极倡导公共的活性屋顶；第二，公共/私人可进入活性屋顶这条规定，必须加入到建筑规划、大型城市中心开发，和新建社区规划的许可过程中，成为强制性条例；第三，审批官方必须实施适当政策和金融框架，以精简个人建筑和混合建筑业主的审批过程，特别是在由开发商驱动的房地产经济体里；最后，科学和工程学会必须继续发展我们对活性屋顶系统的力学、物理学、生物学和化学的研究理解。

这些构成部分中的每一个都面临着许多挑战。设计师是客户的代理人，因此应该遵照客户的意愿和预算限制。设计师也受制于建筑规范和章程的限制，以及他们表达设计思想和挑战传统范例的积极性。

在生命安全责任和所有权方面，活性屋顶的可达性是具有挑战性的。在私人建筑物中，居民可以在自己承担风险的情况下获得活性屋顶的访问权。拥有活性屋顶的机构和公共建筑也许可以提供更广泛的访问，但是与所有公共空间一样，与访问权相关的责任是一个灰色地带，特别是当涉及，例如客户对比非客户、工作人员对比非工作人员、明显无家可归的人和其他人口类别时。

市政部门对未来的建筑开发进行监督，包括提供和实施活性屋顶政策，舒适性策略和社会空间建设策略，以及雨水管理技术要求。然而，市政法规和政策变化通常是缓慢的过程，其执行进一步受到要求更新相关设计和施工指导方针的挑战。作为对政策挑战的一个轻微见解，建筑物高度地方法规可能需要修改，以防止新建筑物妨碍现有建筑物上活性屋顶的主要景观。温哥华市观景保护指南就是一个例子，它解释了不同的地形和距离如何影响视锥内的建筑高度带来的作用。将来，活性屋顶可能被视为景观的一部分，作为视锥的焦点。同时，活性屋顶便利化是一个复杂且不断演变的话题。

虽然政策可以促进活性屋顶实施，但政策也可以反过来被建筑业主和绿色基础设施的公共投资所支持。考虑到其在节约基础公共和私人设施（的）长期成本方面的潜力，我们认为活性屋顶作为城市整体供水系统组成部分，是一个负责任的、可行的替代方案，可以替代昂贵、长期且通常混乱的大规模市政基础设施升级。

这本书提供了一个起点，根据广泛的研究和实践经验，来量化活性屋顶产生的雨水缓解效应。在典型的西方城市雨水管理目标和规定的背景下，我们总结了实践的状况，确定了存在的限制，并提出了未来的研究需求。活性屋顶本身不能管理所有的雨水径流，但是如果设计、建造和维护得当，它们将在复杂的雨水缓冲系统工具箱中创造一个独特的机会。在所有气候条件下，都需要进行多年的研究活动，来量化其对系统性能的影响和系统性能的演变。这些成果必须转化为实际的设计建议和相关政策。

作者试图从同行评议的研究中收集最新的信息，来补充自己的调查和专业经验以撰写本文。我们希望能够进一步提高对活性屋顶性能的了解。我们将继续借鉴他人的经验，并鼓励公众传播有力的定量和定性研究结果。将理论知识与实际的、经验的和专业的观察结合起来，这将促进设计的适应能力，并改善活性屋顶在城市整体雨水管理中的作用。

参考文献

- City of Vancouver (2011). View Protection Guidelines. Available at: http://vancouver.ca/docs/planning/view-protection-guidelines.pdf (accessed January 20, 2012).
- Lawlor, G., Currie, B.A., Doshi, H. and Wieditz, J. (2006). *Green Roofs: A Resource Manual for Municipal Policy Makers.* Report to Canada Mortgage and Housing Corporation.Available at: www.cmhc-schl.gc.ca/odpub/pdf/65255.pdf (accessed January 17, 2013).

词汇表

Assembly 组件：已建成的外壳或结构体的部件。活性屋顶组件由几层组成，包括植被、生长介质、隔热层、排水层、保水垫（可选）、通风层（可选）和防水膜。该组件可以在现场组装或使用预制的集成层进行安装。

Best management practice（BMP）最佳管理措施：在城市雨洪管理中，最佳管理措施是用来缓解地表径流及其相关污染物的技术。最佳管理措施可能包括结构性（建造）或非结构性措施（例如保护区或施肥限制）。这一术语常与"雨水控制措施"（SCM）或"可持续城市排水系统"（SUDS）同义使用，然而后者是专指构造设施和工程设备。

Building Services Planner/Building Facilities Manager 建筑服务规划师 / 建筑设施经理：负责协调和管理建筑物设备、系统和维护的专业人员。

Code consultant 法规顾问：一名设计专业人员，通常在建筑学方面拥有背景知识，但掌握了当地建筑规范的详细知识，他们就法规相关问题向项目设计小组提供建议。这些问题主要涉及生命安全，包括在发生火灾、地震或洪水时的一般危害预防和安全措施。虽然在许多司法管辖区中，法规顾问的参与并不是强制性的，但通常建议他们参与，以推动一个连续的城市设计和审批流程。

Combined sewer 合流制下水道：将生活污水和雨水径流通过同一管道输送到城市污水处理厂的下水道。

Combined sewer overflow（CSO）合流制下水道溢流：当流量超过合流制下水道管网的承载能力时，未经处理的地表径流和生活污水排入受纳环境中。

Crassulacean Acid Metabolism（CAM）景天酸代谢：景天酸代谢是一种代谢特征，是指植物在夜间吸收二氧化碳，在白天将其代谢。白天气孔关闭，从而减少由蒸腾导致的植物水分流失。这与 C3 光合作用形成对比，C3 光合作用是植物在白天开放气孔吸收二氧化碳，从而使植物更容易因太阳辐射而失去水分。

Continuous simulation 连续模拟：一种基于长期降雨和蒸散的持续分布的雨洪管理设计方法。

Curve Number（CN）曲线数：技术发布（TR）—55 方法（通俗地称为 CN 方法）中使用的因素来确定径流流量特性。曲线数是土地利用、土壤类型和与水分运动有关的条件，以及特定降雨量产生径流的可能性之间的关系的量化表达。曲线数方法被北美和大洋洲的许多行政管辖区用于水资源规划和雨水管理手册。

Design consultant 设计顾问： 设计师群体，包括但不限于建筑师、景观设计师、工程师、生态学家、园艺师和建筑维护结构顾问，他们负责活性屋顶工程的概念设计和施工文件。设计顾问需要协调他们的工作，以确保可以交付一个可行的综合设计集成，并应该贯穿参与整个设计、施工和入住过程。在许多行政管辖区，多户家庭、公共和机构项目的设计顾问需要通过严格的自律机构进行许可，这些自律机构规范着专业设计人员的工作，并保护公众的利益。

Design storm 设计暴雨径流量： 一个独特的单一降雨事件分布，作为设计城市排水网络和雨水控制措施的基础。设计暴雨径流量方法只考虑设计暴雨产生的径流，而不考虑其他气候或原场地条件，例如以前的暴雨或蒸散的发生。

Detention（of stormwater）雨水滞留： 收集降雨或径流并将其缓慢地释放到接收环境中的做法。径流的流速减缓，但总排放量不变。人工湿地以及滞水池和蓄水池（误称）是典型的滞留雨水控制措施。在滞留雨水控制措施中，暴雨事件之间可能会发生一些蒸发，但与暴雨流量总量相比，蒸发量一般不显著。

Drainage area 排水面积： 造成地表雨水径流的土地面积；不一定要遵循流域边界。

Drawings，construction 施工图纸： 由建筑设计顾问完成的合同工作的一部分，它为承包商提供建造项目所需的信息。图纸必须包括所有的信息（例如构件的规格、尺寸和位置）以及所有批准所需的法规和附加细则的具体信息。每个顾问的施工图集的内容取决于工作范围。

Drawings，shop/trades 行业专项图纸： 由行业和分包商完成的图纸（基于设计顾问提供的施工图纸），使他们能够开展专业特定工作。这些图纸必须经过建筑设计顾问的审核，并在图纸中规定的构件开展工作前得到批准。

Dry period 干燥期： 未发生降水的时间段。在一个活性屋顶环境中，这是蒸散作用发生的关键时刻。

Ecosystem services 生态系统服务： 从生态系统中获得的好处，包括例如气候调节、水调控和净化、授粉、食物、淡水、审美服务、娱乐和舒适、文化遗产、土壤形成、养分循环、燃料和初级生产等。

Engineer，electrical 电气工程师： 负责建造项目中所有电气系统的设计和协调的设计顾问。在一个活性屋顶建造项目中，电气工程师的工作范围包括照明、电源插座布局和任何辅助电力系统的布局，比如发电（光伏面板）和人工灌溉等。

Engineer，mechanical 机械工程师： 负责所有管道和供暖 / 通风系统设计的设计顾问。在一个活性屋顶建造项目中，机械工程师经常负责与其他设计顾问协调屋顶排水管的大小、位置和数量。他们还负责协调人工灌溉的设计（如果需要的话）。

Engineer，stormwater 雨水工程师： 具有水文和径流水质（通常）的专业知识的设计顾问。雨水工程师应与设计团队和产品供应商合作，以确保达到雨水管理的最低标准，特别强调评估生长介质的蓄水能力和渗透性的适宜性。

Engineer，structural 结构工程师： 负责设计所有与建造项目的结构完整性有关的系统的设计顾问。在所有顾问中，结构工程师承担一些最重要的法律责任，因为他们的工作牵涉到项目最终用户和维护团队的生命安全。大多数西方国家的结构工程师必须经过专业认证或许可。

Envelope consultant 围护结构顾问： 聘请来负责审查项目的保温完整性和水密性的设计顾问。虽然建筑围护结构顾问通常不制作施工图纸，但是他们会就有关外墙、屋顶或平台组件中的不同层的使用和规格方面，向设计团队提供相关建议。

Environmental footprint 环境足迹： 对人类在不同尺度规模上的开发对自然环境的影响方面做出的总体定性评估（有时在具体分析中是定量的）。开发的环境足迹越大，对自然生态系统总体健康的负面影响就越大。

Environmental site design（ESD）环境场地设计： 一个术语，用来描述开发项目中防止或减少对环境影响的方法。它经常应用于城市雨洪管理的背景下。

Establishment 培植期： 植物生长到形成全面覆盖所需要的一段时间。

Evapotranspiration（ET）蒸散： 同时从植物中释放水分和从土壤或生长介质中蒸发水分的过程。在一个活性屋顶上，蒸散是组件变干燥或"清空"存储的水（留存的降雨）的过程，从而使系统能够容纳一个降雨事件中的降水。蒸散量影响在连续暴雨事件中的降水，被活性屋顶系统保留或部分保留的程度，以及植物群落的整体外观和健康。潜在的蒸散是一种理论上的失水率，并且通常源于农业应用的模型。在一个活性屋顶环境中，在任何特定时间，实际蒸散的速率受到生长介质中存在的（通常有限的）水量的强烈影响。

Experiential design 体验式设计： 设计一个空间或一系列空间，以满足居住者或使用者的体验活动。体验式设计不同于纯粹的美学，它关注的是空间对于居住者的作用，而不是它的外观。这种设计并不构建情感，而是激发、衬托和支持情感。

Field capacity 田间含水量： 土壤或生长介质在重力排水下可以储存的最大水量。通常确定为单位介质深度的含水量。

Green infrastructure（GI）绿色基础设施： 在整体城市设计中，为提供或恢复生态系统和为生态系统服务的自然和工程的基础设施组合。绿色雨水基础设施（GSI）一词专门用于确定径流管理的方法。绿色基础设施和绿色雨水基础设施可认为与低影响开发和水敏性城市设计类似或同义。

Grey infrastructure 灰色基础设施： 用于运输人员、货物、能源和其他资源的无机工程基础设施。灰色的基础设施之所以定义为"灰色"是由于其典型构成成分混凝土和钢铁是灰色的。在雨水管理措施中，灰色基础设施意味着传统的卫生和雨水管道（通常是合并的）、涵洞、水坝和其他相对不灵活的储水和运输结构。

Greywater 灰水： 废水，即通常包括用于建筑服务的水（例如洗涤池、洗衣、淋浴），不包括卫生废水（即来自厕所和小便池）。这些非饮用水，只需要非常少甚至不需要处理，就可以重复使用。在整体的雨水管理中，灰水可以循环使用来灌溉屋顶和地面植被，从而避免使用饮用水。

Growing medium 生长介质： 在活性屋顶中，屋顶植被建立其根的那一层，并在那里提供了大部分的雨水蓄留。适当选择生长介质的成分对于活性屋顶系统几乎所有方面的性能都至关重要。它通常是一种典型的无土工程介质，有时也称为基质。高持水能力、渗透性和低有机物含量的特点，是适合大部分活性屋顶的生长介质的最低标准。

Hydrograph 水文图： 指在某一降雨事件中，所产生的暴雨径流量与时间的变化关系。它通常以给定暴雨事件的流量与时间的关系图表示。

Hydrological cycle 水文循环： 也被称为水文预算或水量平衡，它描述了给定系统（流域、排水区域、活性屋顶等）的水资源投入、流失和存储分布。水分循环的组成部分包括降水（雨、雪、雨夹雪等）、植物释放水分，开放水体、土壤向大气释放水分（蒸散），深层地下水补给、浅层地下水流动来补给基本径流，以及储存（例如通过土壤水分、大气湿度和雨水控制措施）。对于一个确定的系统，各个组成部分之间的水通量必须与系统中储存的水量保持平衡，这样一个组成部分的增加必须导致一个或多个其他组成部分的减少。

Irrigation system 灌溉系统： 通过降水补充植物水分的技术。在城市环境中，优选收集的雨水或回收的灰水作为供应源，但也可以使用饮用水。存在多种形式的输送，包括滴灌、基础供应和高架喷头。由于屋顶生长介质的不吸水性，活性屋顶的灌溉效率与典型的地面景观大不相同。活性屋顶灌溉应根据生长介质的含水量来激活。广泛型活性屋顶在植被建立形成后通常只需要很少或不需要灌溉设施。

Impermeable surface 不透水表面： 人工建造的表面，防止降雨或径流浸入地下，产生地表雨水径流。

Lightweight aggregate（LWA）轻质骨料： 轻质、粗糙的颗粒状材料，组成了大部分活性屋顶生长介质，或用作排水层。轻质骨料可以来源于天然的材料（例如浮石），也可以是人工制造的（例如黏土、页岩或板岩等膨胀性矿物质）。

Living roof，extensive 广泛型活性屋顶： 一个单层或多层的活性屋顶系统（排水系统、生长介质和植物），是单独设计的或作为复合系统设计的。生长介质的深度可以是 25—150 毫米，而表面可能是水平的或分级的低地形特征。广泛型活性屋顶上覆盖着典型的低生长植物。

Living roof，intensive 密集型活性屋顶： 一种多层系统（排水系统、生长介质和植物），是单独设计的或作为复合制造系统设计的。介质深度通常为 150 毫米，地形可以是平坦的，也可以是多样的地形特征。虽然它们是植被覆盖的，但它们也可能包含坚硬的景观特征，如铺装和藤架等结构。植被允许并包括从草本植物到灌木和乔木的整个植物系列。

Living roof，inverted assembly 倒置装配式活性屋顶： 隔热层安装在防水膜上方的活性屋顶组件类型。水通过生长介质排出，然后一部分水从隔热层上方流至排水点，剩余的水通过隔热层板之间的间隙垂直排出，然后在防水膜上方流至排水口处。

Living roof，warm assembly 暖装配式活性屋顶： 隔热层安装在防水膜下方的活性屋顶组件类型。水穿过生长介质排出，沿着位于防水膜上的排水层流到屋顶排水口处。

Living wall/living façade 活性墙/活性立面： 建筑结构上覆盖着植物的垂直表面。支撑种植的结构通常是模块化的系统，包含生长介质和膜层（通常包括防水膜），以保护后面的支撑墙结构（混凝土或框架组件）。植物"覆盖层"可以在建筑物的内部或外部。

Loading，structural 结构荷载： 物体施加在表面或结构上的力，类型有活荷载（强加的，可变的）或静荷载（永久的，不变的）。在屋顶上，活荷载通常是人们（静止或运动）或降水量波动的结果。静荷载通常包括屋顶平台本身、机械设备和活性屋顶组件的净重。在活性屋顶设计中，结构荷载是一个至关重要的考虑因素，因为它决定了现有结构或新结构容纳活性屋顶组件的可行性，并将确定可以建造什么以及在哪里建造屋顶构件。结构容量必须由有执照的结构工程师进行评估。

Low impact development（LID）低影响开发： 一种与自然相协调的土地

（再）开发方式，通过在尽可能地靠近源头的地方管理雨水，来尽量改善接收环境或减少对其的影响。低影响开发既包括了土地使用规划，也包括了工程方面的雨水控制措施，而且相较于灰色基础设施，低影响开发更优先考虑绿色基础设施。低影响开发（和绿色雨水基础设施）在技术上和数量上力图维持或恢复开发前的水文循环，并将污染物排放降至最低。

Peak flow 峰值流量：给定暴雨事件的最大雨水径流流量。

Permanent wilting point 永久枯萎点：水分含量低于此点时，植物无法恢复生存能力。

Permeability 渗透率：水通过多孔介质的速率。对于活性屋顶，高渗透性确保水不会附在其表面上（即没有积水）。

Permeable surface 可渗透表面：允许水通过的构造或自然表面。在地面上，渗透性促进降水和 / 或地表水流返回地下。可渗透表面的建造和保护是一项完整的绿色基础设施措施，因为它们有助于补充深层地下水补给，或使水流通过浅层土层流向溪流，以补充基础（干旱天气）水流。这有助于平衡水文循环，减少地表径流，防止或减少过量的雨水排放和相关的污染物进入到接收水域以及综合下水道溢流发生的可能性。

Plant available water（PAW）植物可用水分：在田间容量和永久枯萎点之间储存在生长介质中的水分量。植物可用水分通常由于蒸散而损失。

Program 项目规划：空间或建筑物的一种特殊功能或用途。空间通常有多个规划，空间的灵活性依赖于它的使用者，也依赖于设计空间的固有灵活性。例如，活性屋顶的项目规划可能是建筑使用者或居民的休闲娱乐空间，也可能是场地的雨水缓解策略。

Rational method 推理法：在城市排水系统设计中广泛应用于预测峰值径流量。该方法是一个简单的经验公式，将峰值流量（Qp）与流域面积（A）、恒定降雨强度（i）和径流系数（C）联系起来。

Receiving water 受纳水体：径流和污染物排放进入水体的总称。径流和污染物可能在处理过或没有处理的情况下，通过地表径流或通过管道网络排放到受纳水体。

Retention（of stormwater）蓄留（雨水）：用于减少从一个场地或流域排放到下游受纳环境的雨水径流总量的技术。雨水蓄留可以通过雨水控制措施来提供，例如活性屋顶、生物截留、透水路面、地下水渗透以及用于雨水收集和再利用的蓄水池等。

Saturation 饱和：全部孔隙被水占据的土壤或介质中的水分状况。合理设计的活性屋顶应具有足够的渗透性，使其永远不会达到饱和。

Scale（in the built environment）尺度（在建成环境中）： 一个空间相对于另一个空间的大小。设计解决方案（系统或单一实体，物理实体或策略）的可伸缩性是评估其可行性时的一个相关问题，因为并非所有设计解决方案在所有规模尺度下都能运行良好。活性屋顶，尤其是在整体的雨水管理框架内，能够在多个尺度上运行——如果设计和建造得当，它们不仅可以在单个建筑的尺度上实现雨水管理和其他设计目标，而且还能对自然和社会生态系统产生积极的影响。

Sedums 景天： 一种适应力强的多肉植物，具有极强的在干旱、浅生长环境中生存的能力，使其成为广泛型活性屋顶植物的热门选择。许多景天品种表现出景天酸代谢——一些只具有景天酸代谢，而另一些则在景天酸代谢和 C3 光合作用之间波动，使其可以更好地适应不同的水分有效性。尽管一些物种对气候表现出相对的耐受性，但世界上有超过 600 种不同的景天的品种，提供了广泛的视觉效果。

Stormwater control measure（SCM）雨水控制措施： 用于减少雨水径流量、流速和污染物负荷的建造和工程装置。

Stormwater management 雨洪管理： 对地表径流排放的控制，在本书中指的是城市环境方面。在绿色雨水基础设施（GSI）中，雨洪管理包括：现场蓄留以限制径流量，暂时滞留以进一步减少峰值流量，以及源头控制排放或者提供水质处理以减少一系列污染物的排放量。

Stormwater runoff 雨水径流： 在城市环境中，降水如果没有浸透（渗入）到地面，从表面蒸发，由植物渗出，或被收集以供再利用，就会变成雨水径流。

Succulents 多肉植物： 这种植物通常原生于干旱气候地带，在植物结构（茎和叶）中存储水分，以助于在土壤水分受到限制的长期干旱环境中生存。

Sustainable urban drainage systems（SUDS）可持续城市排水系统： 一个术语，与最佳管理措施和雨水控制措施同义，通常在英国使用。

Total suspended solids（TSS）浮物固体总量： 用分析方法确定的对颗粒污染物的一种量度方法，没有指定具体的组成成分。悬浮固体总量在城市径流中普遍存在；在制定暴雨水质规则时，几乎所有国家都需要对其进行控制。就其本身而言，可能会有很多环境和基础设施方面的影响。

SBS Two-ply SBS 双层： 一个普遍用于平台和屋顶防水的膜系统。由苯乙烯丁二烯、苯乙烯（SBS）两层组成，SBS 是一种用合成橡胶改性的弹性沥青，它既可以焊接，也可以机械固定。

Urban agriculture 都市农业： 一项提供本地生产的城市食品供应或城市食品供应补充的活动。城市农业的理由包括：减少食物的运输距离，从而减少碳足迹，抵消食物选择的不足，提供教育机会，以及为当地种植的农产品提供日益增长的市场机会。都市农业适合于一些活性屋顶情景，但通常用于密集型而不是广泛型活性屋顶。与其他密集型活性屋顶的种植一样，城市农业常常比广泛型屋顶需要更多的灌溉和更坚固的屋顶结构，并可能与减少雨水的目标相违背。

Water-holding capacity 持水能力： 生长介质可以存储的水量。它通常以每单位介质深度的含水量来衡量，或者以活性屋顶单位面积的总水深来表示。

Water sensitive urban design（WSUD）水敏性城市设计： 与低影响开发和绿色基础设施类似，尤其是在澳大利亚使用。水敏性城市设计是一个设计和规划方法，其重点是为雨水管理、废水管理和流域的总体健康状况提供长效和减缓问题的解决方案。像低影响开发和绿色基础设施一样，水敏性城市设计也倡导与自然结合的方法，结合了自然和工程设计的解决方案。

Watershed 流域： 包括所有水最终排入特定地点的土地。流域的边界是由地形上的高点所确定的，这样所有由重力流动的水源都被流域所包围。

Winterization 防冻： 在建筑水系统中排水，以防止由于冷冻而发生的膨胀而导致管道和其他容器爆裂或容器中流出。

Xeriscaping 节水型园艺： 一种植物选择策略，通常使用本地耐旱物种，特别适合于干旱气候。

索引 *

---

* 索引页码为原版书页码。——编者注

floating grate system 防洪减灾 133

freeze-thaw cycles 冻融循环 10，65，104，109，111

G

glasshouse stress-test methodology 温室应力测试方法学 110

Green-Ampt infiltration 绿色渗透 40–41，83

green infrastructure（GI）绿色基础设施 3–4，19

grey infrastructure 灰色基础设施 3–4

greywater 灰水 143，145

H

hydraulic conductivity 水力传导性 41，83，100，103–104

hydrograph 水位图 6，40，73，79–81，84，86，94，127

Hydrological Simulation Program-Fortran（HSPF）水文模拟程序运算 74

hydrologic cycle 水文循环 2，4，20–21，24

hydrology: living roof 水文学：活性屋顶 27

hydromodification: process of 水力改造：过程 2，24

I

impermeable surface 不透水表面 158

Industrial Revolution 工业革命 1

Integrated Stormwater Management Plan（ISMP）综合雨水管理规划 144，155

K

Köppen Geiger climate zone 柯本·盖革气候区 77，78，82

L

landscape architecture 风景园林 4–5，13，48，51–55，57–60，66，68–69，123，130，143–144，151–152，155，162

land-use planning: techniques for 土地利用规划：技术手法 4，22，72，74

LEED Platinum 绿色建筑白金认证 141，144–145，151–152

lighting design for living roofs: checklists for 活性屋顶照明设计：清单 134，135

lightweight aggregate（LWA）轻质骨料 95–96，132

Living Building Challenge（LBC）生态建筑挑战 141，143，144

living roof system: artificial landscape 活性屋顶系统：人造景观 13

译后记

2017 年 4 月，我到加拿大不列颠哥伦比亚大学（University of British Columbia）进行短期访问，在建筑与风景园林学院遇见了丹尼尔·罗尔（Daniel Roehr）教授，谈到了他的关于活性屋顶设计的一本书。这本书提供了能有效缓解暴雨的进行规划和设计"活性屋顶"的工具，包括了工程的定量计算、对潜在影响的定性讨论、设计团队的互动以及需要处理的相关要素。这本书采用的是北美和欧洲标准，但对中国也有很好的借鉴，我建议把这本书介绍到中国。

丹尼尔·罗尔教授同时也是温哥华和柏林的注册景观设计师和园艺师。他参与了德国柏林的戴姆勒 – 克莱斯勒（Daimler Chrysler）项目波茨坦广场（Potsdamer Platz）的活性屋顶设计，这项工作是关于水敏性城市设计与低影响开发研究项目的里程碑。如今他在活性屋顶的设计和研究方面已经有超过 20 年的经验和积累。2017 年 9 月，北京林业大学举办了"世界风景园林师高峰论坛"，邀请了丹尼尔就"整合城市水系统的活性屋顶设计"这一专题进行了演讲。

经过半年的翻译工作，几经修改，终于成稿。首先要感谢我的团队成员所作出的贡献，他们是北京林业大学园林学院研究生孙悦昕、马鑫雨、陈超男、李沫、刘梦楚等；还要感谢加拿大多伦多大学（University of Toronto）的 Juliette Lee，她为我们的翻译工作做了整体的梳理和校对工作；特别是丹尼尔·罗尔教授，在 2018 年 8 月到 9 月，加拿大不列颠哥伦比亚大学建筑与风景园林学院和北京林业大学园林学院举办了为期两周的暑期联合国际课程——"绿色社区与低影响开发设计工作坊"，课程中丹尼尔以本书的内容作为主要的授课内容，结合我们的项目实践，将北美和欧洲的低影响开发的相关计算方法和中国的方法进行了对比研究，对本书的翻译工作起到了重要的推动作用。

北京林业大学

李翅